Gerald Schneider

Aurelia aurita

Schlüsselart im Planktonsystem der Kieler Bucht

Forschungsperiode 1978 - 1995

© 2020 Gerald Schneider

Verlag und Druck: tredition GmbH, Halenreie 40-44, 22359 Hamburg

ISBN
Paperback: 978-3-347-09736-0
Hardcover: 978-3-347-09737-7
e-Book: 978-3-347-09738-4

Titelfoto: G. Schneider, Kieler Förde, Juni 2020

Inhalt

Abkürzungsverzeichnis

Neben den üblichen metrologischen Einheiten (m, g, s, mol) etc. und solchen, die als allgemein bekannt vorausgesetzt werden dürfen (Abb., Tab.) werden die folgenden Abkürzungen verwendet:

dw	Trockengewicht
ww	Nassgewicht, Frischgewicht
ind.	Individuum
sd	Standardabweichung
PSU	Practical salinity units*
GZ	Gelatinöses Zooplankton
NGZ	Nicht-gelatinöses Zooplankton
SGZ	Semigelatinöses Plankton

Kürzel und die Bedeutung von Buchstaben in Gleichungen und Formeln werden vor Ort erklärt.

*Da der Salzgehalt des Meerwassers schon lange nicht mehr gravimetrisch, sondern elektrisch bestimmt wird, macht die alte Kennzeichnung „Promille" ‰ keinen Sinn mehr. Entweder der Salzgehalt wird in PSU angegeben oder – meist in der stringent ozeanografischen Literatur - nur noch als dimensionslose Zahl. 17 ‰ = 17 PSU = 17.

Vorwort

Im ehemaligen Kieler Institut für Meereskunde, das mittlerweile in die Großforschungseinrichtung „Geomar" der Helmholtz-Gemeinschaft Deutscher Forschungszentren aufgegangen ist, fanden zwischen 1978 und 1995 intensive Forschungen zur Biologie und zur ökologischen Bedeutung der Ohrenqualle *Aurelia aurita* (Linnaeus 1758) in der Kieler Bucht statt. Die Ergebnisse wurden zwischen 1980 und 1998 in diversen Fachzeitschriften veröffentlicht.

Der Nachteil jener artikelgesteuerten Publikationsweise ist jedoch, dass das breite Wissen über die Quallen verstreut und „zerstückelt" vorliegt und schwer zu übersehen ist. Es ist daher sinnvoll, die Hauptresultate in einer umfassenden Betrachtung zusammenzuführen. Dies hätte bereits vor 20 Jahren erfolgen sollen, allerdings verlaufen Lebenslinien nicht immer wie gewünscht, und so musste die Publikation aus persönlichen Gründen unterbleiben.

Wenn ich dennoch jetzt das „Werk" angehe, so erhebt sich die Frage: Lohnt sich das? Lohnt es sich, wissenschaftliche Resultate, deren Kern mehr als ein Viertel Jahrhundert zurück liegt in einer Gesamtdarstellung heute noch zusammenführen zu wollen? Ist es nicht überholt?

Für die Sinnhaftigkeit eines solchen Unternehmens sprechen einige Gründe.

Zunächst ist zu bedenken, dass nach meinen Recherchen und Kenntnissen eine so intensive Untersuchung zur ökologischen Bedeutung der Quallen im Planktonsystem der Kieler Bucht seither nicht mehr stattgefunden hat. Insofern würde ich für uns immer noch reklamieren, dass wir ein Grundlagenwerk zum Thema geschaffen haben, dass bisher nicht durch neuere Untersuchungen suspendiert ist. Wer sich heute also mit dem Thema beschäftigen möchte, muss auf die Artikel zurückgreifen – oder findet in diesem Büchlein die notwendigen Erstinformationen.

Hinzu kommt, dass möglicherweise sich einige Zusammenhänge verändert haben könnten. Das kann aber nur erkannt werden, wenn die Situation von „damals" bekannt ist. Eine zusammenfassende Darstellung macht daher auch unter dem Aspekt sich ggf. wandelnder Ökosysteme Sinn.

Außerdem war der Autor über die Zitierungshäufigkeit der Arbeiten überrascht. Die Arbeiten, die ich als alleiniger Autor oder als Koautor (mit) zu verantworten hatte, wurden bisher (Stand Juni 2020) immerhin 820 Mal zitiert. Das ist einerseits sicher keine „astronomische" Zahl, die eine besondere Behandlung des Themas verdient. Wichtiger aber als die absolute Zahl ist andererseits die Konstanz der Zitierungen: Seit 2004 wurden die Arbeiten pro Jahr 20 – 44 Mal zitiert. Durchgängig. Selbst im ersten Halbjahr 2020 liegen bereits schon wieder 14 Zitierungen vor. Daraus schließe ich auf ein konstantes Interesse an den

Arbeiten und den Themen. Das ist erstaunlich, wenn man bedenkt, dass die letzte Publikation zum Thema bereits 22 Jahre zurück liegt. Offensichtlich haben wir den Kolleginnen und Kollegen auch nach diesem langen Zeitraum noch etwas zu sagen.

Letztendlich spiegeln die Ergebnisse auch ein Stück Institutsgeschichte wider. Damals wurde die Dynamik des Pelagials der Kieler Bucht, sowie die Pelagial – Benthos – Kopplung über diverse Diplom-, Doktor- und Habilitationsarbeiten, sowie im Rahmen des Sonderforschungsbereiches 95 der Christian-Albrechts-Universität erforscht.

Die Rolle der Quallen war dabei zunächst zurückgestellt, rückte dann aber als notwendige Ergänzung der anderen Arbeiten in einer späteren Phase in den Blick. Die hier vorgelegte Zusammenstellung erinnert somit auch an die damaligen Forscher wie z. B. Heino Möller, Michael Kerstan, Thomas Heeger und Gerda Behrends.

Sie zeigt aber auch, wie wir uns damals das Planktonsystem der Kieler Bucht vorstellten, wie wir vorgingen und welches unsere leitenden Thesen waren. Heute wissen wir mehr – so soll es in der Wissenschaft ja auch sein. Aber alles Wissen fußt auf Vorwissen und insofern ist dieses Büchlein auch ein Stück Wissenschaftsgeschichte. Aus diesem Grunde habe ich neuere Aspekte, z. B. zum Microbial Loop, zur Rolle gelöster organischer Kohlenstoffverbindungen etc. nur mit Vorsicht angedeutet.

Alle genannten Gründe lassen das nachfolgende Werk sinnhaft erscheinen und es geht hier darum, ein möglichst homogenes Bild der Biologie und zur ökologischen Rolle im Pelagial der Kieler Bucht vorzulegen. Für Kommentare oder Nachfragen gebe ich gerne meine Mailadresse bekannt: nordlichter54@web.de

Kiel, im Juli 2020

Der Autor

1. Die Planktondynamik in der Kieler Bucht

Die Entwicklung, das Auftreten und die Wirkung der Medusen vollzieht sich Rahmen der Planktondynamik der Kieler Bucht, die einem ausgesprochenen jahreszeitlichen Wechsel unterliegt. Es ist daher zunächst notwendig, diese Rahmenbedingungen kurz erörtern.

Abb. 1 gibt eine vereinfachte phänomenologische Darstellung der Planktonentwicklung in der Kieler Bucht. Die visualisierten allgemeinen Abläufe entsprechen denjenigen, die in gemäßigten und borealen Küstengewässern üblich sind, die Details jedoch grenzen die Kieler Bucht von anderen ähnlich strukturierten pelagischen Küstensystemen ab. Als Referenzartikel seien genannt: Jochem 1989, Lenz 1974, Martens 1976, Smetacek 1985, Smetacek et al 1984. Weiße 1985 und die jeweils darin zitierte Literatur).

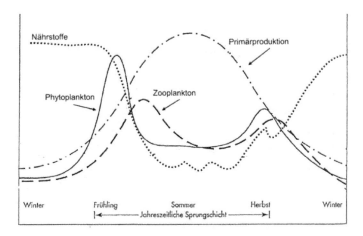

Abb. 1: Prinzipielle saisonale Entwicklung im Planktonsystem der Kieler Bucht.

Der Startpunkt der jährlichen Planktonentwicklung liegt im Winter, der durch eine kalte, vollständig durchmischte Wassersäule gekennzeichnet ist. Die pflanzenrelevanten Nährstoffe weisen die jeweiligen Jahreshöchstwerte auf. Die Stickstoffkomponenten machen ca. $15 - 18$ µmol dm^{-3} aus, wobei etwa 2/3 auf Nitratstickstoff entfallen. Phosphat-P ist mit ca. 1 µmol dm^{-3} vertreten und die für die Diatomeenentwicklung notwendigen Silikatkonzentration liegen bei etwa 20µmol dm^{-3}.

Sowohl die Bestände an Phyto- und Zooplankton sind zu dieser Zeit sehr niedrig, das Zooplankton weist z. B. Werte unter nur 0,1 gC m^{-2} auf (Schneider 1990 a), bezogen auf die durchschnittliche Wassertiefe von 25 m). Speicherstoffe in Form von Öltröpfchen werden aufgebraucht und finden sich immer seltener in den untersuchten Copepoden. Die Produktion an Pflanzenmaterial ist in erster Linie lichtlimitiert, was vor allem der beständigen

Durchmischung und der dadurch hervorgerufenen langen Verweildauer in ungünstigen Lichtklimaten geschuldet ist.

Mit zunehmender Helligkeit, der Stabilisierung der Wassersäule und der damit einhergehenden Verringerung der Durchmischungstiefe im Frühjahr entwickelt sich das Phytoplankton drastisch, es entsteht die bekannte Frühjahrsblüte. Diese Massenentfaltung wird vornehmlich durch Diatomeen getragen. Zu nennen sind *Skeletonema costata*, *Detonula confervacea*, *Achnantes taeniata* und diverse *Chaetoceros* – Arten. Die tägliche Primärproduktion liegt in dieser Phase bei 0,4 gC m^{-2} d^{-1}, wobei der Maximalbestand der Blüte zwischen einzelnen Jahren erstaunlich regelmäßig bei rund 8 gC m^{-2} liegt. Die Gesamtprimärproduktion für diese Zeitspanne liegt bei rund 20 g C m^{-3}

Parallel dazu vermehren sich insbesondere Ciliaten stark, die als Hauptherbivore im Frühjahr zu nennen sind, denn das größere Zooplankton reagiert noch nicht auf die Blüte durch gesteigerte Reproduktion.

Dementsprechend wird die Blüte nicht durch Wegfraß, sondern durch nahezu vollständige Nutzung der Nährstoffe terminiert und der größte Teil der Pflanzenbiomasse sedimentiert auf den Meeresboden. Dadurch werden Nährstoffe dem freien Wasser entzogen und der Bodenremineralisierung zugeführt. Nach Ende der Frühjahrsblüte sind die Phosphat- und Silikatkonzentrationen im freien Wasser fast an der Nachweisgrenze, ähnliches gilt für Nitratstickstoff, während NH$_4$-N mit Konzentrationen um 2 µmol dm^{-3} die einzige bedeutendere Stickstoffquelle ist.

Erst mit einer deutlichen Verzögerung wächst etwa im April / Mai das Zooplankton heran und erreicht Bestände um 0,8 – 1,0 gC m^{-2}. Das Nahrungsangebot ist geringer, aber steht langfristig konstanter zur Verfügung, denn die Primärproduktion ist weiterhin mit 0,4 gCm^{-2} d^{-1} relativ hoch. In dieser Zeit wachsen auch die Ohrenquallen sehr schnell heran, in der Regel ist ihr Nahrungsbedarf aber nicht so hoch, dass die bald eintretende Reduktion der Zooplanktonbestände alleine darauf zurückgeführt werden kann.

Mit Ende des Frühjahres etabliert sich in der Wassersäule eine recht stabile Zweischichtung, die durch eine scharfe, vor allem temperaturbedingte Sprungschicht gekennzeichnet ist.

Während in Bodennähe die Nährstoffkonzentrationen bedingt durch Remineralisierungseffekte und z. T. anoxischen Verhältnisse langsam ansteigen, ist die Oberflächenschicht weiterhin nährstoffarm, allerdings mit etwas höheren Werten als direkt nach der Frühjahrsblüte. Gelegentliche Injektion von nährstoffreichem Tiefenwasser bereichern die Oberflächenschicht sporadisch. Dennoch spielen insbesondere die sog. „regenerierten" Nährstoffe, also solche, die über den Stoffwechsel der Organismen bereitgestellt und im System zirkulieren (sog. „kleiner Nährstoffkreislauf") die wichtigste Rolle in dieser Periode

Ungeachtet dieser augenscheinlich eher ungünstigen Rahmenbedingungen erreicht die Primärproduktion ihr Leistungsoptimum mit etwa 0,8 gC m^{-2} d^{-1} und die Gesamtproduktion beläuft sich auf etwa die Hälfte der Jahresprimärproduktion. Dies ist vor allem den diversen Phytoplanktongruppen geschuldet, vor allem kleinen Flagellaten, Picocyanobakterien, aber auch autotrophen Dinoflagellaten der Gattungen *Gyrodinium*, *Gymnodinium*, *Scripsiella* und *Ceratium*.

Das Zooplankton zeigt während des Sommers seine größte Vielfalt. Die Copepoden *Acartia longiremis*, *A. bifilosa* und *Centropages hamatus* erreichen ihr Populationsmaximum, daneben finden sich aber auch Vertreter der Gattung *Pseudocalanus* und *Paracalanus* sowie *Oithona similis*. Dazu kommen Cladoceren, Appendicularien, sehr viele Muschel-, Schnecken- und Bryozoenlarven. Die Gesamtbiomasse dieser Organismen ist mit etwa 0,5 gC m^{-2} aber deutlich geringer als im späten Frühling.

Der Sommer ist auch die Zeit mit den höchsten Beständen an *Aurelia aurita*, bei allerdings hoher Variabilität. In quallenreichen Jahren hält die Biomasse der Aurelien mit Werten zwischen 0,5 – 1 gCm^{-2} allem anderen Zooplankton die Waage und kann sie sogar gelegentlich deutlich übertreffen, während in besonders quallenarmen Jahren nur etwa 0,05 – 0,2 gCm^{-2} in den Aurelien gebunden sind. Als Mittel aus 10 Beobachtungsjahren ergibt sich ein durchschnittlicher Bestand von 0,5 gC m^{-2}, also in etwa der gleiche Wert wie für das andere Zooplankton zusammen.

Der Übergang zum Herbst vollzieht sich durch ein allmähliches Aufbrechen der Wasserschichtung und eine allgemein höhere Nährstoffverfügbarkeit. Die im Zuge der Frühjahrsblüte abgesunkene organische Substanz ist im Wesentlichen „aufgearbeitet" und in den Sedimenten sind hohe Nährstoffkonzentrationen vorhanden.

Bedingt durch gelegentliche anoxische Bedingungen, Bioturbation, turbulenter Umschichtungen und spezifische hydrografische Bedingungen werden die nährstoffreichern Interstitialwasser in die freie Wassersäule gemischt. Zu nennen ist unter anderem der Einstrom salzreicherer Wassermassen aus dem Belt und dem Kattegat, die im Spätsommer und im Frühherbst durch die Zunahme der Westwindkomponenten ausgelöst wird.

Dies stabilisiert zunächst zwar die Schichtung der Wassersäule durch eine Halokline, das „schwere" salzreiche Wasser drückt aber auch die weniger salzreichen Interstitialwässer aus dem Sediment, sodass es zu der Anreicherung mit Nährstoffen im freien Wasser der Bucht kommt.

In der Folge kommt es zu einer weiteren Massenvermehrung des Phytoplanktons, der „Herbstblüte", die vor allem durch Ceratium-Arten, in manchen Fällen aber auch durch Diatomeen hervorgerufen wird. Die Primärproduktion ist mit 0,6 gC m^{-2} d^{-1} immerhin noch höher als zur Zeit der Frühjahrsblüte. Im Wesentlichen verhindert eine noch nicht vollständig optimale Nährstoffversorgung einen höheren Bestandsaufbau als im Frühjahr.

Das Metazooplankton und die Protozoen reagieren gleichfalls mit noch einmal erhöhten Beständen bevor sich zum Winter die niedrigen Populationsdichten einstellen. Diese Herbstblüte ist insbesondere für die Copepoden bedeutsam, da sich hier letztmalig die Gelegenheit bietet, die Reservestoffe in Form von Öltröpfchen anzulegen oder auszubauen.

Der Wegfraß an Phytoplankton ist aber insgesamt eher gering und der Großteil der Biomasse sinkt, ähnlich wie bei der Frühjahrsblüte, zu Boden.

Tab. 1: Nach Smetacek et. al. (1984) können innerhalb des saisonalen Produktionszyklus – den Winter nicht mitgerechnet – vier Phasen unterschieden werden:

Visualisierung	Beschreibung
	Frühjahr: Homogen durchmischte Wassersäule, hoher Nährstoffgehalt, Entwicklung der Frühjahrsblüte mit anschließender Sedimentation. Wenig Zooplankton, Protozooplanktonpeak. Tägliche PP: 0,4 gC m^{-2} d^{-1} $\sum$ PP Stadium: 20 gC m^{-2}
	Spätfrühjahr: Beginnende Stratifizierung der Wassersäule, wenig Nährstoffe, geringe Phytoplanktonbestände, erste Massenentfaltung Zooplankton, Wachstumsphase Quallen Tägliche PP: 0,4 gC m^{-2} d^{-1} $\sum$ PP Stadium: 20 gC m^{-2}
	Sommer: Ausgeprägte Sprungschicht, geringe Nährstoffe, beginnende Nährstofffreisetzung unterhalb der Sprungschicht. Phase höchster biologischer Aktivität, Diversität Zooplankton hoch, Bestände mittel, Quallen mit Maximalbeständen. Tägliche PP: 0,8 gC m^{-2} d^{-1} $\sum$ PP Stadium: 70 gC m^{-2}
	Herbst: Aufbruch der Schichtung, Zufuhr remineralisierter Nährstoffe, „Herbstblüte" Phytoplankton, zweiter Zooplanktonpeak, Absterben Quallen Tägliche PP: 0,6 gC m^{-2} d^{-1} $\sum$ PP Stadium: 30 gC m^{-2}

Symbole: Kreis = Phytoplankton, Quadrat = Protozooplankton, Dreieck = Bakterien, Sechseck = Metazooplankton.

Die Ohrenquallen sterben zu dieser Zeit ab, nachdem sie schon länger Degenerationser-scheinungen gezeigt haben. Sie sinken zum Boden und stellen damit einen hohen Eintrag an organische Substanz in das Sediment dar. Dieses ist aber sehr fleckenhaft verteilt.

Mit Abnahme der Tageslänge, abkühlenden Wassertemperaturen und z. T. heftigen Stür-men geht die Kieler Bucht in die durch geringe biologische Aktivität gekennzeichnete Win-terphase über.

Bezogen auf das ganze Jahr liegt die pelagische Primärproduktion bei ca.125 – 175 g C m^{-2} a^{-1}. Nach den groben Abschätzungen in der anfangs zitierten Literatur sedimentieren da-von 35 % direkt, rund 25 % werden durch Bakterien in der Wassersäule remineralisiert und etwa 40 % werden vom Zooplankton direkt gefressen. Mindestens 96 % der vom Zooplank-ton (Sekundär- und Tertiärproduzenten) gefressenen Primärproduktion werden wieder-rum respiriert oder kommen als fecal pellets oder abgestorbenen Körpern dem Sediment zugute. Lediglich 4 % (= 2 % der Jahresprimärproduktion) stehen höheren Konsumenten zur Verfügung.

2. Biologie der Quallen in der Kieler Bucht

2.1 Allgemeines, Saisonaler Zyklus

Die Ohrenquallen sind die Geschlechtsformen der Art *Aurelia aurita* (Linnaeus, 1758), die einem metagenetischen Generationswechsel zugeordnet sind (Abb. 2). Die bodenlebenden Polypen (Abb. 2a, b) entlassen in einem terminalen Abschnürungsprozess, der Strobilation (Abb. 2, c), junge Medusen (Ephyren), die dann zu den Medusen heranwachsen.

In der Kieler Bucht findet die Strobilation gelegentlich schon im Spätherbst statt, denn bereits zu dieser Zeit werden Ephyren im Plankton gefunden (Möller 1980 b). Spätestens im Januar sind die Jungquallen generell im Plankton anzutreffen, wachsen zu dieser Zeit aber nicht bzw. nicht nennenswert.

Die Hauptwachstumsphase koinzidiert mit der ersten Massenentfaltung des Zooplanktons im April / Mai. Im Juni, spätestens im Juli sind die Medusen ausgewachsen. Wie bei allen Cnidariern erfolgt der Beutefang sowohl bei den Polypen als auch bei den Medusen über Tentakeln mit Nesselzellen (atriche Haploneme und mikrobasische heterotriche Eurytelen) wobei – wie später genauer ausgeführt wird – ein breites Nahrungsspektrum genutzt wird.

Die Medusenform ist getrenntgeschlechtlich, wobei Männchen und Weibchen nicht ganz einfach zu unterscheiden sind. Typischerweise zeigen die Männchen weißliche bis hellgelbe Gonaden, während die Gonaden der Weibchen eher gelb bis rötlich gefärbt sind (Russell 1970). Das lässt ein breites Übergangsfeld offen, sodass in vielen Fällen eine sichere Geschlechtsansprache allein auf Basis der Gonadenfärbung verhindert wird.

Die Spermien werden in das Wasser entlassen und durch die Weibchen aufgenommen, ein spezifisches Kopulationsverhalten wurde weder beobachtet noch berichtet. Die Eier werden in den Gonadenhöhlen befruchtet und dann in spezielle Bruttaschen an den Mundarmen transportiert. Hier teilen sich die Eier und die Larven (Planulae) wachsen heran.

Aurelia aurita betreibt also eine einfache Brutpflege und entlässt die befruchteten Eier nicht sofort in das offene Wasser, wie bei vielen Invertebraten üblich. Die gefüllten Bruttaschen sind als gelblich-rötliche Kräuselungen an den Mundarmen gut zu erkennen und stellen für Lehrer und Wissenschaftler eine einfache Quelle zum Erhalt von Teilungsstadien der Eier und von Larven dar.

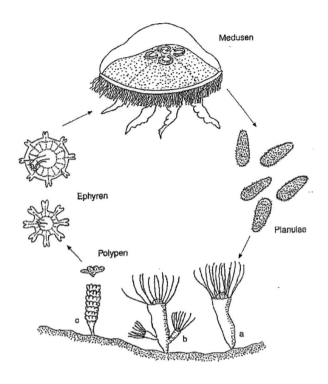

Abb. 2: Der Generationswechsel von *Aurelia aurita*. Erläuterung siehe Text.

In diesem Stadium ist die Geschlechterbestimmung sicherer und ergibt nach diversen Zählungen ein Verhältnis von 1 : 1.

Die Eier werden offensichtlich sukzessive befruchtet, denn in den Mundarmen werden gleichzeitig sich teilende Eier und „fertige" Larven gefunden. Dementsprechend verlassen die Planulae die Mundarme über einen längeren Zeitraum und die allmähliche Entleerung der Bruttaschen kann im Feld durch Inspektion gefangener Weibchen gut nachvollzogen werden. In der Kieler Bucht erfolgt dies vornehmlich im Juli und August.

Die Larven selbst fressen nicht und schwimmen nur für kurze Zeit im Wasser, denn aufgrund von Stoffwechselmessungen ist zu folgern, dass die Larven nach spätestens einer Woche verhungert sind (Schneider und Weisse 1985). In den meisten Fällen dürfte das Festsetzen an harten Untergründen aber sehr viel schneller erfolgen, denn sobald (experimentell) den Planulae eine potenzielle Siedlungsfläche angeboten wird, setzen sie sich sofort fest.

Die Larven entwickeln sich ohne weitere Nahrungsaufnahme zu Polypen bis zum 8-Arm-Stadium, gelegentlich sogar bis zum 16-Arm-Stadium, dann aber stoppt die Entwicklung, wenn keine Nahrung mit den Tentakeln gefangen werden kann. Die Polypen können entweder solitär bleiben, (Abb. 2, a) oder durch Knospung genetisch identische Tochterpolypen erzeugen (Abb., 2, b). Eine Vermehrung und Bestandserweiterung erfolgt also auch in der benthischen Lebensphase.

Im August / September zeigen die Medusen Degenerationserscheinungen: Die Mesogloea wird fester, opaker, die Tiere wirken wie aufgequollen und die Tentakeln werden eingeschmolzen. Dabei zeigt sich häufig ein Rückgang der Größe, die entweder genetisch bedingt ist, durch Hungererscheinungen oder durch beides hervorgerufen sein mag. (siehe hierzu Kapitel 2.3). Im September / Oktober sterben die Medusen ab und sinken zu Boden.

War es möglicherweise früher anders? In einer nur 16 Zeilen umfassenden Bemerkung schildet Möbius (1880), dass er am 21. 12. 1879 beim Schlittschuhlaufen eingefrorene *Aurelia*-Medusen entdeckte. Er versuchte, sie durch langsames Auftauen „wiederzubeleben", was aber misslang. Wichtiger als das Reden ist hier aber das Schweigen, denn Möbius äußert sich in keiner Weise verwundert darüber, zu so einem späten Zeitpunkt im Jahr überhaupt noch Quallen anzutreffen. Als ungewöhnlich sieht er das Einfrieren an, nicht das Vorhandensein der Medusen an sich. Es wirkt, als sähe er das als typisch an. Könnte das ein Hinweis sein, dass die zeitlichen Phasenlagen der Lebensentwicklung der Ohrenqualle sich in den letzten 100 Jahren verschoben hat?

Aufgrund der doch relativ komplexen Fortpflanzungsbiologie und der „Brutpflege" sind die Planulae keine Verbreitungsstadien, da die Zeit als frei im Wasser treibende Larven sehr kurz ist. Eine Verbreitung der Art kann daher nur über das Medusenstadium erfolgen. Aufgrund ihrer langen Lebensdauer währen sie durchaus geeignet, über einen weiten geografischen Raum verdriftet zu werden.

Diese Überlegungen haben auch dazu geführt *Aurelia aurita* als kosmopolitisch anzusehen (z. B. Möller, 1984 a, Heeger 1998), obwohl bereits früh diverse Arten unterschieden wurden. Neuere Literaturen sehen allerdings das Genus *Aurelia* wieder in verschiedene Arten aufgespalten, siehe Tab. 2. Ob die diversen Arten aber tatsächlich genetisch fundiert sind, bleibt abzuwarten.

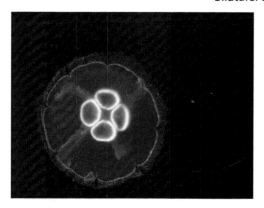

Erwachsene männliche Meduse. Die Gonaden sind relativ dicke Gewebebänder, vornehmlich weißlich gefärbt, und die Mundarme weisen keine Bruttaschen auf. Unreife Medusen beiderlei Geschlechts haben viel dünnere Gonadenanlagen. Foto: G. Schneider, Kieler Förde, Juni 2020.

Befruchtete weibliche Meduse. Deutlich sind die gefüllten Bruttaschen an den Mundarmen zu erkennen, die durch die Masse der Eier gelb bis hellbraun erscheinen. Foto: G. Schneider, Kieler Förde, Juni 2020.

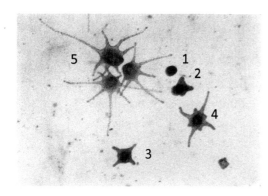

Frühe Polypenentwicklung auf einen Blick.

1 = frische festgesetzte Planula, 2 = Knospen des ersten Armkranzes, 3 = die ersten 4 Tentakeln wachsen heraus, 4 = der 2. Armkranz beginnt zu sprossen, 5 = 8-Arm-Stadium; Bis zu diesem Zeitpunkt ist keine Futteraufnahme erforderlich. Foto: G. Schneider, Petrischalenkultur, 1983.

Anmerkung: Die ursprünglichen Planulae wurden zeitgleich auf ein Mikroskopier-Deckglas gesetzt. Innerhalb von 30 h war die Entwicklung wie man sieht sehr unterschiedlich.

Tab. 2: Liste der Arten der Gattung *Aurelia* und ihrer Verbreitungsgebiete nach Jarms und Morandini (2019)

Art	Gebiet
Aurelia aurita (Linnaeus 1758)	Europäische Gewässer, Ostsee
Aurelia caerulea von Lendenfeld, 1884	Australische Gewässer
Aurelia colpota Brandt, 1835	Südlicher Indischer Ozean
Aurelia labiata Chamisso & Eysenhardt, 1821	Subtropischer und gemäßigter Pazifik
Aurelia limbata, Brandt, 1835	Gesamter Nordpazifik
Aurelia maldivensis Bigelow, 1904	Seegebiet um die Malediven
Aurelia marginalis L. Agassiz, 1862	Karibik und wärmere US-Küste
Aurelia solida Browne, 1905	Wärmerer Atlantik, Indik, auch im Roten Meer (Eigenbeobachtung Meteor 5, 1987)
Aurelia vitiana Agassiz & Mayer, 1899	Pazifik, nur bei Fiji und Suva
Aurelia furcata Haeckel, 1880	Pazifik, nur bei den Cocos-Inseln

2.2 Bestände und Biomassen 1978 - 1995

Die Bestandsuntersuchungen und die damit assoziierten Forschungen wurden während des oben genannten Zeitraumes in drei voneinander getrennten Perioden und von verschiedenen Wissenschaftlern bzw. Teams ausgeführt. Tab. 3 gibt vor der Ergebnispräsentation die wesentlichen Rahmendaten der Untersuchungen.

Tab. 3: Zusammenstellung der Untersuchungsperioden und der wichtigsten Daten.

Untersuchungsperiode			
	1978 - 1979	1982 - 1984	1990 – 1995
Region	Kieler Förde	Eckernförder Bucht	Offene Kieler Bucht
Anzahl Stationen	26	4	9
Untersuchungsrhythmus	Wöchentlich	Zweiwöchentlich	Monatlich
Verwendetes Netz	CalCoFi	CalCoFi	Bongo
Öffnungsweite	1 m	1 m	2 x 0,6 m
Maschenweite	500µm	500 µm	300 + 500 µm
Forschungsgegenstand	Bestände, Wachstum, Einfluss auf Fischlarven, Nahrung, Atmung	Bestände, Wachstum, Chemische Zusammensetzung, Exkretion. Larvenproduktion	Bestände, Wachstum, Interaktion mit Zoo- und Phytoplankton
Wissenschaftler	H. Möller (M. Kerstan)*	G. Schneider	G. Behrends, G. Schneider
Wichtige Publikationen	Möller 1978, 1980a, 1980 b, 1984 a, 1984b (Kerstan 1977)	Schneider 1988a, 1988b,1989a,1989b, Schneider & Weisse 1985	Schneider & Behrends 1994, Behrens & Schneider 1995, Schneider & Behrends 1998

*Die Diplomarbeit von Michael Kerstan gehört vom Zeitrahmen nicht in die Forschungsperioden, aber inhaltlich war sie für alle drei Abschnitte wichtig. Sachlogisch gehört sie in den Kontext.

Die Erfassung von Beständen der Ohrenquallen durch Feldbeprobungen stellen an die Wissenschaftler nicht geringe Herausforderungen. Abgesehen von der Größe der Organismen, die möglichst große und quantitativ auswertbare Netze notwendig macht, sind auch möglichst viele Stationen relativ häufig zu beproben.

Der Grund dafür ist eine extrem hohe Varianz im Auftreten der Medusen, die sich zeitlich in geradezu achterbahnähnlich variierenden Fangdaten auswirkt (Abb. 3).

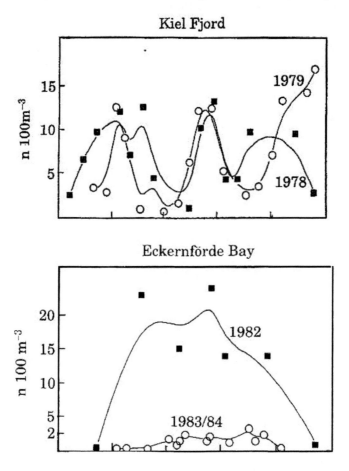

Abb. 3: Variation der Bestandswerte von *Aurelia aurita* in der Kieler Förde 1978 / 1979 nach den Erhebungen von Möller und von Schneider in der Eckernförder Bucht 1982 – 1984. Auffällig ist die Variation der Bestandswerte zwischen den Fangtagen. (aus: Schneider und Behrends 1994).

Daher sind gemittelte Werte und mittlere Bestandshöhen immer mit der notwendigen Sorgfalt zu betrachten. Dennoch lassen sich auch bei hoher Patchiness ausreichende Aussagen zu den Bestandshöhen erzielen.

Abb. 4 und 5 stellen die Entwicklung der Populationsgrößen im Zeitraum 1978 bis 1995 einmal für die Abundanz (n 100m^{-3}) sowie für die Biomasse in gC 100m^{-3} dar. Alle Biomassen in dieser Darstellung werden auf den organischen Kohlenstoff bezogen, da sich sowohl die Trockengewichte als auch die Nassgewichte nicht mit anderen Planktongruppen vergleichen lassen (siehe dazu Kapitel 4.3).

Wie auch ohne tiefere wissenschaftliche Interpretation zu erkennen ist, schwanken die Bestände zwischen den Jahren extrem. Die höchste Abundanz wurde 1982 mit 16 Tieren pro 100 m^3 beobachtet, die geringste mit 0,2 Tieren pro 100 m^3 im Jahre 1992. Das ist fast ein Faktor Hundert!

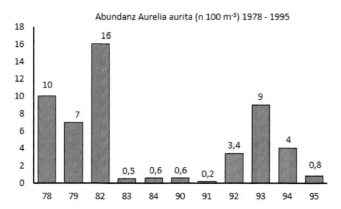

Abb. 4: Gemittelte Abundanzen der Ohrenquallen 1978 – 1995 (n 100m^{-3})

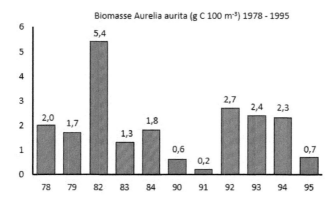

Abb. 5: Gemittelte kohlenstoffbezogene Biomassen der Ohrenquallen 1978 – 1995 (g C 100m^{-3}). Referenzpublikationen: Schneider und Behrends 1994, Behrends und Schneider 1995, Schneider & Behrends 1998).

Die Biomassen wirken etwas ausgeglichener, was daran liegt, dass in den quallenarmen Jahren die Tiere deutlich größer wurden als in den Jahren mit hohen Bestandsdichten und über das doppelte an Gewicht aufwiesen (siehe nächstes Kapitel).

Als besonders quallenreich dürfen die Jahre 1978, 1982 und 1993 angesehen werden, nur minimale Bestände entwickelten sich 1983, 1984, 1990 und 1991. Wie später näher erläutert wird, haben derartige Unterschiede weitreichende Konsequenzen sowohl für die Planktondynamik der Kieler Bucht als auch für die Medusen selbst.

Woher mögen diese Unterschiede kommen? Grundsätzlich sind zwei Möglichkeiten zu diskutieren: Der Einfluss hydrografischer Prozesse und selbstverständlich biologische Abläufe.

Die Kieler Bucht weist eine komplexe Hydrografie auf und die Planktongehalte variieren daher nicht nur entlang biologischer Entwicklungen, sondern sind auch abhängig davon, welche Wasserkörper in der Kieler Bucht vorhanden sind.

Dabei zeigen sich drei große Trends oder Einflussvariablen:

- Im Frühjahr kommt es bedingt durch hohe Süßwassereinträge insbesondere durch die Newa, Weichsel und Oder zu einem kräftigen Ausstrom ausgesüßter Wassermassen Richtung Kattegat. Da sich die Planktonpopulationen in den östlichen Teilen aber deutlich von jenen der Kieler Bucht unterscheiden, werden möglicherweise indigene Bestände Richtung Kattegat verdriftet und durch andere ersetzt. Abb. 6 zeigt ein sehr klares Beispiel dafür. Mit Bezug auf *Aurelia aurita* könnte also der kräftige Ausstrom dazu geführt haben, dass die sich etablierenden Bestände aus der Bucht herausgespült wurden und die einströmenden Ostseewassermassen keine neuen Medusen brachten, da dort die Entwicklung später als in der Kieler Bucht stattfindet. Die quallenarmen Jahre wären dann als Ergebnis advektiver Prozesse zu interpretieren.

- Im Sommer lässt die Flusswasserfracht nach und westliche Winde etablieren sich verstärkt. Die Folge ist ein Einstrom salzreichen Kattegatwassers in größeren Wassertiefen, der zusätzliche Organismen einträgt, was eine Erhöhung der Populationsdichte bedeuten würde: Die quallenreichen Jahre entstünden durch passive Zuwanderung aus der Beltsee.

- Nicht zuletzt mag zumindest die Ungleichverteilung auch ein Ergebnis immer wieder vorkommender wechselnder Ein- und Ausstromlagen kleineren Ausmaßes sein. Es ist lange bekannt, dass in der Kieler Bucht häufig abgegrenzte Wassermassen unterschiedlicher hydrografischer und planktologischer Charakteristika nebeneinander liegen können. Dies könnte durchaus eine Erklärung für die Ungleichverteilung der Medusen in der Bucht sein. Dazu können auch weitere Faktoren treten wie z. B. lokale Küstenauftriebserscheinungen oder besondere Strömungsverhältnisse. Mutlu (2001) beobachte besonders hohe Konzentrationen an den Rändern antizyklonaler Wirbel und besonders niedrige Konzentrationen in den Zentren zyklonaler Wirbel. Horizontal rotierende Wassermassen haben daher konzentrierende und „verdünnende" Effekte. Ähnlich bei vertikal rotierenden Wasserkörpern wie den Langmuir- Zirkulationen. Auch verhaltensinduzierte Ungleichverteilungen und „Patches" sind zu erwarten. Dazu zählen horizontale Wanderungen (Hamner at al. 1994), Vertikalmigrationen (Malej et al. 2007) sowie die Ansammlung an der saisonalen Thermohalokline der Kieler Bucht (v. Bodungen, pers. Mitt.). Letzteres könnte eine Akklimatiserungsaufenthalt sein, denn vor dem Eindringen in die salzreichen Wassermassen sind die osmotischen Verhältnisse anzugleichen. Dies dauert etwa 1 h pro 1 PSU Salzgehaltsunterschied.

Abb. 6: Einfluss der Hydrografie auf Planktonvorkommen und Planktonstudien. Der Autor untersuchte 1981 die Bestände der Rippenqualle *Pleurobrachia pileus* und musste feststellen, dass alle unten dargestellten Veränderungen durch die Hydrografie bedingt sind.

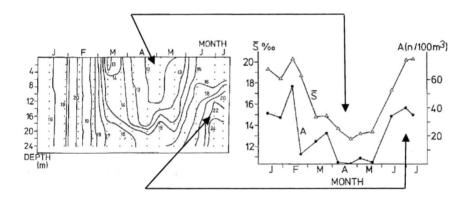

Das linke Teilbild zeigt die hydrografische Entwicklung (Salzgehalt) und somit den starken Süßwassereinfluss im April / Mai, sowie den Einstrom in der Tiefe aus dem Kattegat im Sommer. Rechts der Verlauf der *Pleurobrachia*-Abundanz und des gemittelten Salzgehaltes. Der Bestandseinbruch im Frühjahr ging nicht auf ein Absterben zurück, sondern die Rippenquallen wurden schlicht aus der Bucht herausgespült. Die eindringenden oberflächennahen Ostseewassermassen enthielten keine *Pleurobrachia*, da diese in den östlichen Bereichen erst in größeren Tiefen auftritt. Im Sommer kamen dann die Rippenquallen mit dem Einstrom aus dem Kattegat zurück. Eine indigene Entwicklung hat nicht stattgefunden, da keine Jungtiere gefunden wurden, es traten sofort erwachsene Rippenquallen auf. Aus Schneider (1987).

Alles in allem sind aber diese hydrografischen Faktoren nicht geeignet, die Unterschiede zwischen den qualreichen und -armen Jahren zu erklären. So sind beispielsweise die hydrografischen Entwicklungen im Jahre 1982 sehr ähnlich denen von 1983 und 1984 (Schneider 1985). Die geringen Differenzen sind auf jeden Fall nicht ausreichend, um einen derart drastischen Unterschied in den Populationsdichten wahrscheinlich zu machen. Auch die Erhebungen in den 90er Jahren liefern keine Hinweise auf möglicherweise hydrografisch bedingte Bestandsvariationen.

Wenn die hydrografischen Bedingungen jedoch für eine Erklärung nicht ausreichen, sind wahrscheinlich biologische Gründe für die interannuellen Bestandsschwankungen verantwortlich. Geringe Bestände (und vice versa) könnten z. B. hervorgerufen werden durch:
- Ein geringe Larvenfall aufgrund unzureichenden Nahrungsangebotes für die Elterntiere
- In der Folge eines geringen Larvenfalls auch nur eine geringe Polypenpopulation
- Nur geringe asexuelle Vermehrung der Polypen
- Prädation auf die Polypen durch z. B. Nacktschnecken oder den überwinternden Amphipoden *Hyperia galba* (siehe Thiel 1962)
- Verminderte Strobilisationsrate pro Polyp
- Erhöhte Mortalität der Ephyren und Jungquallen durch biotische oder abiotische Parameter

Wie diese Beispielliste zeigt, existieren so viele Einflussmöglichkeiten, die zudem miteinander kombiniert auftreten können, dass es nahezu unmöglich erscheint, die zutreffenden Faktoren ohne einen sehr erheblichen Aufwand zu ermitteln. Die Untersuchung müsste mit diversen Teilprojekten über mehrere Jahre erfolgen.

Wir müssen zusammen mit der weltweiten Community der Quallenforscher zugeben, dass wir in dieser Fragestellung nicht bedeutsam weitergekommen sind. Ähnliches gilt auch für die Frage, ob und inwieweit Quallenbestände zunehmen.

Insbesondere die interannuellen Variationen in den Bestandsgrößen lassen nur nach vieljähriger Beobachtung einen statistisch abgesicherten Trend erkennen. Dennoch werden immer wieder heftige „Blüten" berichtet (siehe z. B. Dong 2019 und die darin gelistete Literatur), die Fischernetze oder Einlässe von Kühlwasseranlagen von Kraftwerken verstopfen. Diese Beobachtungen sind aber nicht neu und in der Ostsee sehr bekannt. 1975 gab es in der Kieler Förde ein heftiges Massenauftreten der Medusen, die dicht an dicht an dem Westufer der Innenförde auftraten. Lokal geradezu „mythischen Charakter" hat die in Krumbach (1930) wiedergegebene Beobachtung Möbius' erlangt, wonach in der Kieler Förde einmal die Quallen so dicht lagen, dass Boote nicht mehr hindurchzubringen waren und ins Wasser gestellte Ruder senkrecht stehen blieben ohne umzukippen oder unterzugehen. Ähnliche Beobachtungen berichtet auch Russel (1970).

Es ist aber zu unterscheiden zwischen lokalen Ereignissen und generellen Trends für das ganze Ökosystem. Eine Massenansammlung in der Kieler Förde hat überhaupt keine Aussagekraft, ob die Bestände in der Kieler Bucht zunehmen oder nicht, da lokale Zusammenschwemmungen möglich sind, z. B. durch wasser- bzw. hafenbauliche Anlagen erzeugte permanent rotierende Wasserbewegungen, Totwasserräume und ähnliche „Fallen". Verstopfungen von Kühlwasseranlagen sind bei der Saugleistung der Anlagen nicht verwunderlich und daher an sich zwar ein Problem, aber kein Hinweis auf Massenentfaltungen.

Da dieses Argument immer gerne in der Literatur erscheint, sei ein genauerer Blick auf das Gemeinschaftskraftwerks (GKK) am Ostufer der Kieler Förde erlaubt: Die Saugleistung des Kühlwassereintritts liegt bzw. lag je nach Jahreszeit bzw. Wassertemperatur zwischen 20.000 und 40.000 m^{-3} h^{-1} (T. Fröse, GKK; Pers. Mitt.), wobei die hohen Werte im Sommer typisch waren. Das entspricht im Maximum 960.000 m^{-3} d^{-1}. Bei einer angenommenen allgemeinen Abundanz der Quallen von nur 1 Individuum pro 100 m^3 Wasser, werden rund 10.000 Quallen pro Tag angesogen!

Hinzu kommt, dass es vor der Anlage „Quallenabweiser" gab, grobmaschige Siebe, von denen die angesaugten Quallen mittels eines Luftstroms abgelöst wurden, auftrieben und in besonderen Behältern entsorgt wurden. Nehmen wir als durchschnittliches Gewicht der Tiere nur 300 g ind^{-1} an, so ergibt das ein Gesamtgewicht aller pro Tag angesaugten Quallen von 3 Tonnen. Die „natürliche" Biomasse in der Förde liegt aber unter den gegebenen Annahmen nur bei 300 g 100 m^{-3}. Aus Kraftwerksverstopfungen auf Massenentfaltungen der Quallen zu schließen ist unseriös.

Bei der Frage nach den Gründen für „echte" Massenansammlungen oder „Quallenblüten" bietet der Artikel von Dong (2019) so ziemlich alles, was man anführen kann: Temperaturerhöhung im Sinne des Global Warming, Eutrophierung der Gewässer, Zunahme von Hafenbauten und anderen zusätzlichen Siedlungsflächen für die Polypen, Entfaltungen von „Invader Species" u. a. Merkwürdigerweise wird aber nicht diskutiert, wie sich die Veränderung lokaler Strömungsmuster auf die Quallenverteilung lokal und ggf. aus großflächig auswirkt.

Temperaturerhöhungen sollen das Wachstum und die Produktivität begünstigen, die Eutrophierung das Nahrungsangebot erhöhen. Allerdings werden bekanntermaßen in den meisten eutrophierten Gebieten heftige Planktonblüten beobachtet, die nicht oder nur gering vom Zooplankton genutzt werden können, daher zu Boden sedimentieren und im Rahmen des biologischen Abbaus zu weitreichenden Sauerstoffzehrungen und anoxischen Verhältnissen führen. Das würde mögliche Polypenkolonien abtöten.

Zusätzliche Hafenbauten stellen in der Tat Siedlungsgebiete für Polypenkolonien dar. Allerdings würde dies auch bedeuten, dass vor diesen Hafenbauten ein Substratmangel vorgelegen hätte. Darüber hinaus, müsste auch die Nahrungsgrundlagen für die Kolonien und die darin erzeugten Medusen gesichert sein. Es darf auch gefragt werden, ob die Molen, Spundwänden etc. an den Küsten wirklich ausreichen, Populationen aufzubauen, die dann eine ganze Meeresbucht dominieren (sollen).

Es wäre kein Problem, hier noch seitenweise Vermutungen dieser oder jener Art anzuführen. Nach Meinung des Autors besteht aber die grundsätzliche Schwierigkeit, dass es keine hinreichenden Kriterien dafür gibt, wann von biologisch / ökologisch bedingten Massenauftreten oder Populationszunahmen zu sprechen ist. Dies gilt sowohl für die lokale als auch die Zeitebene – wie lange muss eine Massenansammlung bestehen und wie häufig muss sie auftreten, dass von einer auf ökologische Verschiebungen beruhenden allgemeinen Populationszunahme auszugehen ist? Welche Größenskalen sollen betrachtete werden? Ein Hafenbecken, eine kleine Förde oder ein Fjord, eine Bucht, ein Küstenabschnitt, ein Meer (z. B. Ostsee oder Nordsee)? Wie können große Patches von „echten" Populationsanstiegen abgetrennt werden? Gibt es verlässliche Daten, die „bezeugen", dass es früher weniger Quallen gab?

Mills (2001) und Arai (2001) diskutieren die verschiedenen Szenarien möglicher Zunahmen gelatinösen Planktons und kommen zu dem Schluss, dass wir in der Regel nicht genügend Daten haben, um klare Trends feststellen zu können. Eine weltweite Übersicht zeigt zudem verschiedene Muster, die keine generelle Aussage erlauben. Johnson et al. (2001) und Graham et al. (2001) betonen die unterschätze Rolle der Hydrografie bzw. die Rolle biologischer Reaktionen auf hydrografische Veränderungen.

Eine Dekade nach diesen Publikationen ist der Kenntnisstand immer noch nicht eindeutig (Condon et al. 2012), denn offensichtlich waren Massenauftreten bereits im Kambrium vorhanden, wurden in der historischen Literatur erwähnt, es fehlen hinreichende Langzeitdaten und nicht zuletzt ist zu prüfen, inwieweit die mediale Aufarbeitung eine Wahrnehmungsverzerrung bewirkt. Nur weil viel berichtet wird, muss es nicht automatisch wirklich mehr geworden sein. Im Rahmen einer gesteigerten Sensibilisierung für Umweltthemen im Allgemeinen werden Quallenschwärme sowohl von Wissenschaftlern als auch von Laien viel stärker wahrgenommen und in ein vorgefertigtes „Erklärungsweltbild" eingepasst. Allerdings meist ohne Datengrundlage. Die Wissenschaftler tendieren heute mehrheitlich dazu, die Ausdrücke „Massenanstieg", „Blooming" etc. vorsichtiger zu verwenden als noch vor 20 Jahren

Diese relativierenden Bemerkungen sollen nicht den möglichen Vorgang als solchen in Frage stellen, denn insbesondere neue Arten, „Invader Species", können sich in den „eroberten" Ökosystemen vehement ausbreiten. Die Massenvorkommen von *Mnemiopsis* im Schwarzen Meer oder der Ostsee und andere „Events" sind allgemein bekannt. Vielleicht sind es gar nicht die einheimischen Arten, die generelle, die natürliche Variabilität überschreitende Massenentfaltungen zeigen, sondern diese neuen Arten, die in ein „unvorbereitetes" Ökosystem eindringen.

Es kann aber weder aus verstopften Fischernetzen noch aus verstopften Kraftwerkszuläufen auf Massenentfaltungen geschlossen werden, da konzentrierende Effekte und natürliche große lokale Ansammlungen, also Patches, den Eindruck einer allgemeinen Zunahme auslösen. Schneider (1993) berichtet von Patches bis 77 Tiere pro 100m^{-3}, was einem Gewicht von 32 kg entspricht. Ein „unglückliches" Befischen dieses Patches hätte um die 1000 Quallen und 300 kg erbracht.

Von „echten" Massenzunahmen sollte nur ausgegangen werden, wenn die Phänomene über mehrere Jahre immer wieder neu in einer klar abgegrenzten Bezugslokalität und unter Berücksichtigung interannueller und örtlicher Heterogenität auftreten. Dies erfordert Bestandaufnahmen mit wissenschaftlicher Methodik und nicht nach dem „Augenschein".

Deshalb ist es auch wichtig, die Faktoren für „natürliche" interannuelle Variationen der Bestände zu erkennen. Leider sind wir noch nicht so weit und die Ergebnisse der Literaturdurchsichten bleiben gleich: Wir können (noch) keine stichhaltigen und überzeugenden Gründe für quallenreiche und -arme Situationen vorlegen, die auch geeignet sind, wenigstens angenähert sichere Vorhersagen oder nachgelagerte Begründungen zu erlauben. Die häufigsten Worte in den entsprechenden Publikationen sind „possibly", „it can not be excluded", „probably", „may be" ....

2.3 Größen und Wachstum

Das durchschnittliche Größenwachstum der Quallen wurde durch Mittelungen aus Größen- Häufigkeits-Daten gewonnen. Abb. 7 und 8 fassen die wichtigsten Ergebnisse zusammen. Tabelle 4 auf Seite 32 listet stellvertretend die wöchentlichen Wachstumsraten für das besonders gut dokumentierte Jahr 1982 vor.

Das Wachstum der Quallen umfasst vier Perioden:

1. Die Latenzphase: Die Ephyren bzw. Jungmedusen erscheinen zwischen November und Januar im Plankton, wachsen aber bis März / Anfang April nur gering oder gar nicht. Hierfür sind die niedrigen Wassertemperaturen, die minimalen Zooplanktonbestände sowie der niedrige kalorische Gehalt des Zoplanktons als auch des partikulären Materials an sich die wahrscheinlichsten Erklärungen (Schneider 1990).

2. Phase exponentiellen Wachstums: Vornehmlich im Mai und Juni wachsen die Medusen sehr schnell heran, wöchentlich Gewichtszunahmen bis 70 g / Woche wurden beobachtet. Die Phase fällt mit den zunehmenden Wassertemperaturen und der ersten Massenentfaltung des Zooplanktons zusammen.

3. Statische Phase: Im Juni / Juli / August sind die Maximalgrößen erreicht, ein weiteres Wachstum ist nicht festzustellen, die nicht respirierte Nahrung wird in die

Fortpflanzung investiert. Zu dieser Zeit zeigen fast alle Weibchen mit Larven ge-
füllte Bruttaschen. Es kommt zu einer Verlagerung organischen Materials aus den
Gonaden in die Mundarme (siehe Kap. 2.5).

4. Phase der Größenreduktion: In vielen Jahren, aber durchaus nicht in allen, geht
    dem Ende des Lebens der Medusen eine Periode voraus, die in der Population
    durch eine Größenabnahme gekennzeichnet ist. Die Tiere werden kleiner. Dies
    wird weiter unten näher diskutiert.

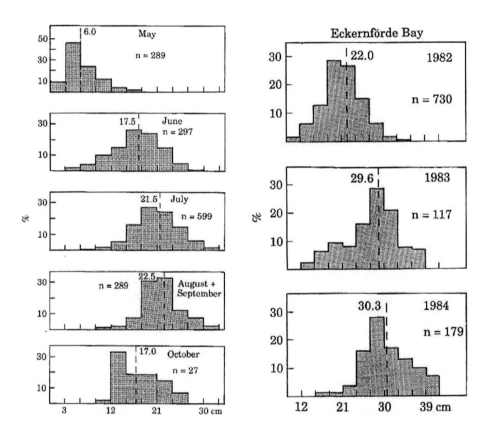

Abb. 7: Beispiele für die Größen-Häufigkeits-Diagramme zur Ermittlung der Wachstumsraten. Links: Die saisonalen Veränderungen im Jahr 1982. Rechts: Histogramme der Endgrö-
ßen 1982 – 1984 (aus: Schneider & Behrends, 1995)

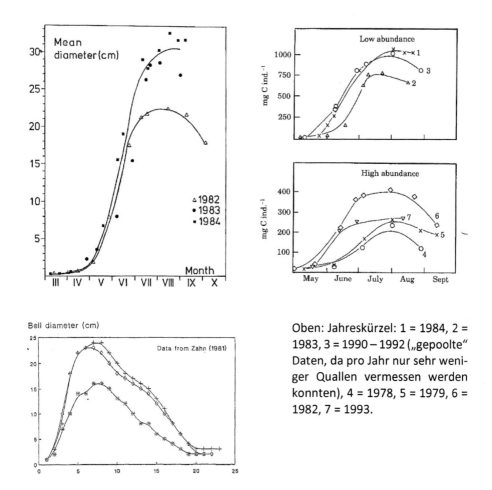

Oben: Jahreskürzel: 1 = 1984, 2 = 1983, 3 = 1990 – 1992 („gepoolte" Daten, da pro Jahr nur sehr weniger Quallen vermessen werden konnten), 4 = 1978, 5 = 1979, 6 = 1982, 7 = 1993.

Abb. 8: Wachstumskurven bei *Aurelia aurita* in der Kieler Bucht. Oben links: 1982 – 1984 als Durchmesserangaben (aus Schneider 1987); Oben rechts: Wachstumskurven ausgedrückt in Biomasseeinheiten (in mg C ind^{-1}) und getrennt dargestellt nach Jahren mit niedriger und hoher Abundanz (aus Schneider & Behrends 1995); Unten links: Wachstumskurven von *Aurelia aurita* im Planktonkreisel (nach Zahn, 1981, aus Schneider 1993).

Tab 4. Mittlere wöchentliche Wachstumsraten von *Aurelia aurita* 1982. Aus: Schneider 1985

Periode	Zuwachs cm / Woche	Zuwachs g / Woche
12. 03. – 01. 04. 1982	0,05	0,003
02. 04.– 15. 04. 1982	0,1	0,007
16. 04. – 04. 05. 1982	0,5	0,2
05. 05. - 26. 05. 1982	2,0	8,4
27. 05. – 22. 06.1982	2,6	56
23.06. – 08. 07. 1982	1,6	70
09.07. – 16. 07. 1982	0,5	26
17.07. – 13. 08. 1982	0,2	8,4
14.08. – 08. 09. 1982	- 0,1	- 11
09. 09. – 03. 10. 1982	- 1,1	- 59

Die Größenverteilungen und die gemittelten Größen sowie die individuellen Biomassen lassen zwei interessante Charakteristika erkennen:

- Die Größen in quallenreichen und quallenarmen Jahren unterscheiden sich augenfällig.
- In den meisten Jahren kommt es zu einem negativen Wachstum, d. h. die Medusen werden zum Ende der Saison kleiner.

In den Jahren geringer Abundanz liegt die auf den Kohlenstoff bezogene Biomasse bei etwa 750 – 1000 mg C ind^{-1}, während sie in „guten Jahren" nur maximal 400 mg C ind^{-1} betrug. Das entspricht jeweils Durchmessern von ca. 30 cm und 22 cm, mit Frischgewichten über 1000 g bzw. 500 g pro Tier. Dabei zeigt sich eine eindeutige und statistisch signifikante Abhängigkeit zwischen Größe und Abundanz, die in ihrer Deutlichkeit überraschte und erfreute (Abb. 9).

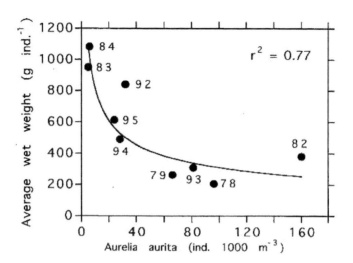

Abb. 9: Abhängigkeit der Tiergewichte – hier als Nassgewicht angegeben – von der Populationsdichte der Medusen (Aus: Schneider & Behrends 1998).

Dieser auffällige Befund lässt sofort an einen dichtegesteuerten Prozess denken, etwa an Nahrungslimitation. In der Tat zeigen die Daten zum Zooplanktongehalt im Wasserkörper eine ähnliche Abhängigkeit von der Bestandsgröße von *Aurelia aurita* (siehe Kap. 3.1), sodass eine nahrungsbedingte Steuerung der Individualgröße der Medusen als die wahrscheinlichste Erklärung herangezogen werden kann. Je mehr Quallen, umso weniger Nahrung pro Tier, dadurch Begrenzung des Wachstums und reduzierte Endgröße.

Weniger einfach zu interpretieren ist die Größenreduktion am Ende der Saison. Da sich die Größenangaben aus statistischen Erfassungen ableiteten, sind sowohl rein statistische Effekte als auch individuelle Prozesse zu diskutieren.

1. Die Größenreduktion setzt am Individuum an und wird durch Nahrungslimitation hervorgerufen. Da im betrachteten Zeitraum viele Medusen deutliche Degenerationserscheinungen einschließlich des Verlustes der Tentakeln aufwiesen, könnte eine Größenreduktion durch metabolischen Abbau der Köpermasse hervorgerufen werden. Die grundlegende experimentelle Arbeit von Hamner und Jenssen (1974) hat gezeigt, dass hungernde Aurelien an Größe abnehmen, wobei auch die Gonaden eingeschmolzen werden. Wie Kap. 2.5 zeigt, sind diese besonders reich an organischer Substanz und bilden daher gute Reserven für „Notzeiten". Steigt die Nahrungsverfügbarkeit an, so „erholen" sich die Quallen, legen wieder an Größe zu und bilden erneut Gonaden aus.

2. Die Größenreduktion setzt am Individuum an und ist physiologisch und /oder genetisch bedingt. Die Untersuchung von Zahn (1981) im Planktonkreisel zeigte Wachstumsverläufe ähnlich den Beobachtungen im Freiland (Abb. 8). Allerdings fehlte die Latenzphase, da immer genügend Nahrung vorhanden war. Interessanterweise begann nach Erreichen der Maximalgröße eine monatelange Phase der Größenreduktion, die nicht auf fehlende Nahrung zurückzuführen war, da wie vorher weitergefüttert wurde. Die Degression schritt immer weiter fort und endete mit dem Tod der Tiere. Allerdings war die Lebensspanne deutlich länger als im Freiland.

3. Die Größenreduktion ist lediglich ein statistischer Effekt hervorgerufen durch das Einströmen kleinwüchsiger Aurelien aus der mittleren Ostsee (Thiel 1962). Dies kann hier ausgeschlossen werden, da es zum einen nicht zu wesentlichen Ausstromlage aus der Ostsee kam und zweitens keine kleinen Medusen in hoher Zahl gefunden wurden. Insbesondere 1982 wurden zur fraglichen Zeit besonders hohe Salzgehalte gefunden. Deutlich niedriger waren die Salzgehalte 1983 und 1984 – aber in diesen Jahren wurde gar keine relevante Größenreduktion beobachtet (Abb. 8).

4. Die Größenreduktion ist ein statistischer Effekt durch ein früheres Absterben der größeren Tiere. Kerstan (1977) beobachtete, dass männliche Medusen nach der Spermaabgabe zu Boden sanken und keine Nahrung aufnahmen. Die Arbeit von Zahn spricht aber dagegen.

Zusammenfassend und unter Berücksichtigung der im Feld auftretenden Degenerationserscheinungen dürfte davon auszugehen sein, dass genetische Faktoren im Sinne der Umgestaltung des Medusenkörpers und der damit verbundenen gestörten oder gar ausgeschlossenen Nahrungsaufnahme zur Reduktion der individuellen Größen, einem Masseabbau und letztendlich zu dem Tod der Tiere führen, dazu kann der alljährliche Befall mit dem Amphipoden *Hyperia galba* mit beitragen. Siehe hierzu Kap. 2.7.

Dabei ist nicht auszuschließen, das noch lebende Medusen zu Boden sinken und dort noch einige Wochen einer schleichenden Agonie ausgesetzt sind, wie sie die Planktonkreiseluntersuchungen zeigten. Taucherbeobachtungen im Rahmen des Sonderforschungsbereiches 95 haben immer wieder große Ansammlungen auf dem Meeresboden, insbesondere in den tieferen Rinnen, ergeben. Egal, ob bereits tot oder in Agonie, die Medusen stellen am Ende der Saison einen erheblichen Eintrag an Biomasse in das Sediment bzw. für die dort lebenden Organismen dar.

2.4 Nahrungsbeschaffung, Nahrung, Nahrungsbedarf

Es ist eine alt hergebrachte Kenntnis, dass Quallen ihre Nahrung mit Hilfe der Tentakeln fangen, die mit verschiedensten Arten von Nesselkapseln besetzt sind. Bei Kontakt mit den Tentakeln entladen sich die Nesselzellen, der Schlauch dringt in das Opfer ein und injiziert ein Gift, das die Beute lähmt. Anschließend wird sie zur Mundöffnung verbracht, aufgenommen und verdaut.

Wie aber kommt es überhaupt zu dem Kontakt mit den Tentakeln, wie lösen die Medusen das sog. „Encounter – Problem"?

Für die Ohrenqualle konnte dies sehr elegant durch die schöne Arbeit von Costello und Colin (1994) beantwortet werden, die Videoaufnahmen zur Auswertung des Fressvorganges einsetzten. Bei der Ohrenqualle sind Fortbewegung und Nahrungsfang miteinander gekoppelt, sie ist somit ein „Cruising-Predator". Abb. 10 zeigt vereinfacht den Bewegungsablauf (aus: Costello und Colin 1994, verändert):

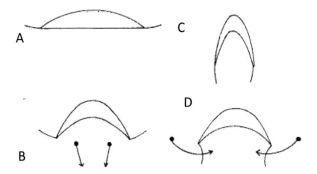

Abb. 10: Schwimmen und Beutefang bei Aurelia nach Costello und Colin (1994)

Ausgangspunkt soll die nach einem vollständigen Kontraktions-Relaxationsablauf ausgestreckte, entspannte Meduse sein (A). Die Tentakeln sind frei im Raum orientiert. Mit der beginnenden Kontraktion des Schirmes wird Wasser aus der subumbrellaren Region nach unten weggedrückt (B, Punkte und Pfeile) bis die maximale Kontraktion erreicht ist (C). Bei dem nun folgenden „Rückschlag" oder der Relaxation wird nun Wasser angesaugt und der Strom ist so geführt, dass er seitlich *durch* den Tentakelkranz erfolgt (D). Damit kommen auch alle Partikel, die im Wasser schweben „automatisch" in Kontakt mit den Tentakeln Abb. 11 stellt die Stromtrajektorien in diesem entscheidenden Moment dar. Siehe dazu auch die Bildtafel 2 auf der übernächsten Seite.

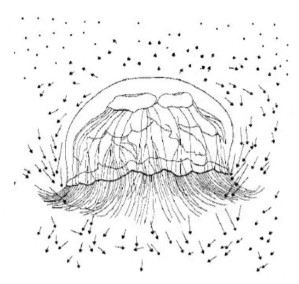

Abb. 11: Stromtrajektorien beim Beutefang durch Aurelia. Die Geschwindigkeit bei der Passage durch die Tentakeln beträgt 2 – 3 cms^{-1} (aus Costello & Colin 1994).

Die weitere Untersuchung der Autoren ergab dann, dass alle Beuteorganismen mit geringeren Fluchtgeschwindigkeiten, also in erster Linie kleinere Formen, gefangen werden, wohingegen solche Plankter eine höhere Wahrscheinlichkeit zu entkommen haben, deren Fluchtgeschwindigkeit größer als die Geschwindigkeit des Randstromes ist. Die Randstromgeschwindigkeit steigt mit der Größe, so dass größere Medusen auch schnellere Beute erreichen können.

Allerdings kann im Prinzip jedes Körperteil Nahrung fangen, wobei die höchste Effizienz natürlich durch die Tentakeln erreicht wird, aber auch die Schirmoberfläche kann insbesondere Mikronahrung mittels gerichteter Cilienströme Protozoen und kleinste Crustaceen fangen und zur Mundöffnung führen (siehe z. B. Heeger und Möller 1987).

Aber was frisst nun unsere Ohrenqualle? Die Frage ist relativ einfach zu beantworten: Alles. Sie ist ein ausgesprochener Allesfresser oder vielleicht besser „Allesingestierer", denn ob alle aufgenommenen Organismen – insbesondere die „exotischen" -auch verdaut werden, ist fraglich. Das reicht von Copepoden über Muschellarven bis hin zu auf See gewehte Mücken, Käfer und Spinnentiere sowie Hyperbenthosorganismen (kleine Polychaeten, Mysiden, Iso- und Amphipoden). Außerdem werden in einem geringen Maße auch Protozoen wie nicht-lorikate Tintinnen gefressen, bei Ephyren und junge Medusen wurde auch der oligotriche Ciliat *Strombidium aculeatum* nachgewiesen. Außerdem werden natürlich auch Fischlarven genommen (Möller 1984a, b). Dieses weite Nahrungsspektrum stimmt unter Berücksichtigung lokaler Spezifikationen mit vielen früheren Untersuchungen überein (siehe Kerstan 1977).

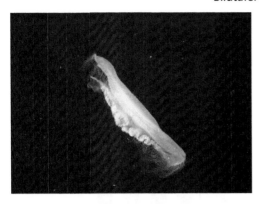

Bewegung der Aureliamedusen und der Nahrungsfang. Die Meduse hat die Ruhephase zwischen zwei Schlagzyklen eingenommen. Häufig verbleiben die Quallen in diesem Stadium für einige Sekunden oder gar Minuten. Der Schirm ist flach ausgebreitet, die Tentakeln hängen entweder herunter oder sind ausgebreitet. Foto: G. Schneider, Kieler Förde, Juni 2020

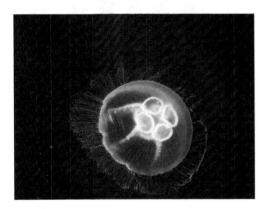

Der Kraftschlag treibt die Meduse vorwärts, die maximale Kontraktion ist fast erreicht, die Tentakeln stehen aufgrund des Wasserwiderstandes weit ab. Siehe auch Abb. 10 B. Foto: G. Schneider, Kieler Förde, Juni 2020

Beginnender Relaxationsschlag. Sehr schön zu erkennen sind die gardinenartig nach innen eingeschlagenen Tentakeln, durch die der Wasserstrom in die Subumbrellarhöhle fließt. Siehe dazu Abb. 10 D und 11. Foto: G. Schneider, Kieler Förde, Juni 2020

Nach der eingehenden Bestandsaufnahme von Kerstan (1977) machen aber Copepoden und Muschellarven die Hauptnahrung aus, wobei zwar die Muschellarven numerisch überwiegen, die Hauptbiomasse allerdings durch die Copepoden gebildet wird. Innerhalb der Copepoden ist insbesondere *Centropages hamatus* dominierend, wobei während des untersuchten Sommers bis zu mehr als 600 Nahrungsorganismen in den Gastraltaschen nachgewiesen wurden (Abb. 12).

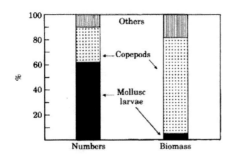 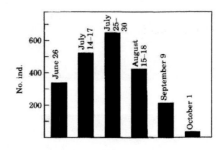

Abb. 12: Relative Zusammensetzung der Nahrung von *Aurelia aurita* (links) und Anzahl der Nahrungsorganismen in den Gastraltaschen im Sommer 1976 (nach Kerstan 1977).

Im Lichte der Forschungen von Costello und Colin (1994) darf angenommen werden, dass die hohe Zahl der Muschellarven nicht nur durch ein höheres Angebot im Pelagial bedingt ist, sondern auch durch ihre geringere Fluchtgeschwindigkeit. Die viel agileren Copepoden sollten sich daher eher durch Flucht entziehen können. Ähnliches würde für die Fischlarven gelten. Allerdings gibt es hierzu keine verlässlichen Daten, die in diesem Kontext seriös diskutiert werden könnten.

Grundsätzlich ist aber nicht nur die Nahrung an sich interessant, sondern mit Blick auf mögliche Ökosystemwirkungen der Nahrungsbedarf der Medusen. Hierzu hat es verschiedene Abschätzungen gegeben, die insgesamt gesehen ein homogenes Bild ergeben.

1. Ansatz: Kalkulation über die Gastraltascheninhalte

Generell wäre es möglich, den Nahrungsbedarf über die nachfolgende Gleichung abzuschätzen:

$$F = N \, D^{-1} \times 24$$

Mit F = Fressrate (Anzahl pro Individuum pro Tag). N = Anzahl der Futterorganismen, D = Verdauungszeit.

Mit D = 4 h wären somit im Sommer 1976 zwischen 2000 und 4000 Organismen pro Tag gefressen worden. Nimmt man einen mittleren C-Gehalt von 4 µg C pro Nahrungsorganismus an (Martens 1976), so hätten die im Mittel 20 cm großen Medusen zwischen 8 und 16 mg C d^{-1} gefressen.

Da der Kohlestoffgehalt solcher Quallen bei rund 300 mg C ind.$^{-1}$ liegt (Schneider 1988a) würde die Fressrate maximal bei 5 % des Körpergewichts (in C-Einheiten) liegen und im Mittel 3% d^{-1} ausmachen.

2. Fressversuche

Kerstan hat eine Reihe von Fressversuchen mit Artemia-Nauplien gemacht, wobei Dichten zwischen 80 und knapp 500 Nauplien pro Liter angeboten wurden. Die ermittelten Fressraten stiegen mit der Naupliendichte und schwankten zwischen 25.000 – 180.000 Nauplien pro Tag. Auf der Basis von Kohlenstoff als Biomasseeinheit ergaben sich Fressraten von 15 – 111 mg C d^{-1}. Bezogen auf die Körpermasse der Medusen waren dies 15 – 65 %, also deutlich höhere Werte als bei der oben dargestellten ersten Abschätzung. Dabei zeigte sich eine mittelgute Abhängigkeit von dem Gewicht der Medusen, wobei kleine Quallen die höchsten gewichtsbezogene Fressraten aufwiesen, die aber mit zunehmender Köpergröße sanken (Abb. 13, aus Schneider (1993) auf der Basis von Kerstan (1977)).

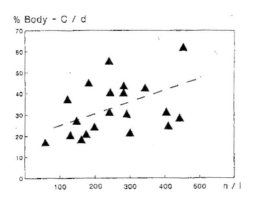

Abb. 13 a: Ergebnisse der Fressversuche. Hier: Abhängigkeit der körpermassenbezogenen Fressrate in Abhängigkeit von der Naupliendichte.

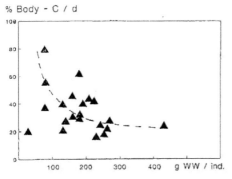

Abb. 13 b: Ergebnisse der Fressversuche. Hier: Abhängigkeit der körpermassenbezogenen Fressrate in Abhängigkeit vom Medusengewicht (Nassgewicht, WW).

3. Respirationsmessungen

Respirationsdaten erlauben eine Abschätzung des zur Wahrung der aktuellen Körpermasse notwendigen Futtermenge. Schneider (1989 b) gibt auf Basis von Messergebnissen von Thill (1937) und Kerstan (1977) eine allometrische Funktion für die Respiration an:

$$R = 0.103 \; W^{0,94}$$

Mit R = Respiration ml O_2 ind^{-1} d^{-1}, W = Körpernassgewicht in g.

Daraus lässt sich mittels

$$R' = R \times 12 / 22.4 \times RQ$$

der respirative Kohlenstoffverbrauch C_{resp} errechnen, wobei RQ der Respiratorische Quotient ist, der hier – wie häufig – mit 0.8 angenommen wird.

Die Berechnungen ergeben für eine 20 cm und eine 30 cm große Meduse (300 g Nassgewicht, 309 mg C Kohlenstoffgehalt bzw. 1000 g ww, 900 mg C):

Meduse	20 cm	30 cm
C_{resp}	10 mg C ind^{-1} d^{-1}	30 mg C ind^{-1} d^{-1}
% Körper-C	3,2 % d^{-1}	3,3 % d^{-1}

Diese Abschätzung liefert ein Ergebnis, dass erstaunlich konsistent mit den Abschätzungen aus den Gastraltaschen ist und weit unterhalb der Resultate aus den Fressversuchen liegt.

4. Exkretionsmessungen

Auch über die Bestimmung der Ammoniumausscheidung lässt sich der Nahrungsbedarf abschätzen.

Nach Schneider (1989a) ergibt sich für die Exkretion von NH_4 folgende Beziehung:

$$E = 0,058 \; W^{0,93}$$

Mit E = Exkretionsrate in µmol ind^{-1} h^{-1} und W = Körpermasse in g.

Daraus lässt sich dann mittels

$$E' = E \times 24 \times 14 \times 4,5$$

Der metabolische Kohlenstoffverbrauch in mg C ind^{-1} d^{-1} errechnen, wobei 14 das Atomgewicht von Stickstoff ist und 4,5 das für die Umrechnung auf Kohlenstoff notwendige C:N – Verhältnis ist. Es beträgt für das Zooplankton der Kieler Bucht, aber auch allgemein bei den meisten Crustaceen 4,5.

Die Berechnungen ergeben wieder für eine 20 cm und eine 30 cm große Meduse (300 g Nassgewicht, 309 mg C Kohlenstoffgehalt bzw. 1000 g ww, 900 mg C):

Meduse	20 cm	30 cm
N - Exkretion	4,3 mg N ind^{-1} d^{-1}	12,2 mg N ind^{-1} d^{-1}
C-Bedarf	19 mg C ind^{-1} d^{-1}	55 mg C ind^{-1} d^{-1}
% Körper-C	6,1 % d^{-1}	6,1 % d^{-1}

Damit ergeben die auf drei verschiedenen und unabhängig voneinander ermittelten Methoden nahezu gleiche Werte zwischen 3 und 6 % Umsatz an Kohlenstoffbiomasse, sodass 5 % als ein ausreichender allgemeiner Näherungswert betrachtet werden darf. Die physiologischen Untersuchungen erfolgten übrigens bei 15° Wassertemperatur, was einen guten Näherungswert für die „mittleren" Sommerverhältnisse der Kieler Bucht ist.

Nehmen wir daher den von Martens bestimmten Mittelwert von 4 µg C ind^{-1} pro potenziellen Nahrungsorganismus, so benötigen erwachsen Quallen ca. 4.000 bis 11.000 Nahrungsorganismen für ihren Körpererhalt pro Tag.

Einen sehr viel höheren Nahrungsbedarf könnte man aus den Fressversuchen ableiten, die ja z. B. für unsere „300 g – Modellqualle" Umsatzraten von rund 20 % d^{-1} ergaben. Dies ist in der als allgemeiner Basiswert wenig realistisch. Dennoch demonstrieren die Versuche die enorme Nutzungspotenz der Ohrenqualle und ermöglichen ihnen die hohen, nahezu explosionsartigen Wachstumsraten im Frühjahr.

Sie demonstrieren auch, wie dichte Zooplanktonpatches effizient genutzt werden können und stellen daher eine wertvolle Ergänzung zu den anderen Abschätzungen dar. Da das Zooplankton häufig eben nicht gleichmäßig in der Wassersäule verteilt ist, kommt dieser Eigenschaft eine wichtige Bedeutung im Ökosystem zu, wie in Kapitel 3 dargestellt werden wird.

2.5 Zusammensetzung, Biomasseparameter, Metabolismus

2.5.1 Zusammensetzung, Biomasseparameter

Wie alle Vertreter des gelatinösen Planktons, ist auch die Ohrenqualle durch einen extrem hohen Wasseranteil ausgezeichnet (Tab. 5).

Tab. 5: Ergebnisse der Inhaltsuntersuchungen an ganzen Medusen > 2 cm nach Schneider 1988a, gerundet. WW = Nassgewicht, DW = Trockengewicht.

Parameter	Gehalte	Anteil in Bezug zu WW
Wasseranteil	982 mg /g ww	-
Trockengewicht	18 mg / g ww	18 mg / g ww
Kohlenstoff, C	52 mg / g dw	0,94 mg / g ww
Stickstoff, N	14 mg / g dw	0,25 mg / g ww
Phosphor, P	1,4 mg / g dw	0,03 mg / g ww
Proteine	59 mg / g dw	1,06 mg / g ww
Kohlenhydrate	28 mg / g dw	0,50 mg / g ww
Lipide	19 mg / g dw	0,34 mg / g ww
Kalorischer Gehalt	2330 J / g dw	
C: N (nach Gewicht)	3,8 : 1	-
C : N : P (nach Atomen)	94: 22 : 1	-

Die Trockenmasse macht weniger als 2 % des Frischgewichtes aus, die aber zum größten Teil von Salzen dominiert wird. Nach den Werten der Tab. 5 kann der organische Anteil auf rund 10 – 11 % der Trockensubstanz und damit auf lediglich rund 0,2 % des Frischgewichtes abgeschätzt werden. Das bedeutet, dass rund 90 % der Trockenmasse durch biologisch inaktive Salze gebildet wird.

Da sich die Ohrenqualle mit dem umgebenden Seewasser im osmotischen Gleichgewicht befindet, wurde bereits früh erkannt, dass sowohl der Wasser- als auch der Trockenanteil vom Salzgehalt des umgebenden Meerwassers abhängt. So zeigen und zeigten Bestimmungen an Ohrenquallen in der Ostsee Wasseranteile von rund 98 %, aber nur 96 % aus den höhersalinen Golf v. Triest und dem Golf von Maine (Russel 1970), mit den entsprechenden Unterschieden in der Trockenmasse (2 vs. 4 %, also ca. 100 % Differenz!) Diese frühen Beobachtungen wurden immer wieder neu bestätigt.

Das gilt aber nicht nur für regionale Unterschiede, sondern auch für saisonale Variationen, wenn das entsprechende Untersuchungsgebiet erhebliche Fluktuationen im Salzgehalt aufweist. Für die Ctenophore *Pleurobrachia pileus* konnte Schneider (1981) einen klaren Zusammenhang zwischen dem mittleren Salzgehalt und dem Trockengewicht darstellen. Wie Tab. 6 zeigt, sinkt der Trockengewichtsanteil im Frühjahr zusammen mit dem Salzgehalt und beide Parameter steigen gleichsinnig im Sommer an. Das aschefreie Trockengewicht verhält sich umgekehrt, da der organische Anteil in der salzärmeren Umgebung einen höheren Anteil an der Trockenmasse ausmacht.

Tab. 6: Veränderungen des Trockengewichtsanteils und des aschefreien Gewichts bei *Pleurobrachia pileus* in der Kieler Bucht im Frühjahr 1981 in Abhängigkeit vom Salzgehalt (nach Schneider 1981). ww = Nassgewicht, dw = Trockengewicht, AFD = Aschefreies Trockengewicht.

Monat	Salzgehalt (PSU)	dW (% ww)	AFD (% dw)
Januar	19	2,34 ± 0,28	29,3 ± 2,53
März	15	2,16 ± 0,20	31,3 ± 6,09
Mai	13	1,95 ± 0,16	37,2 ± 5,10
Juli	20	2,28 ± 0,17	27,5 ± 6, 40

Aus diesem Grund sind die Trockenmasse und die auf Trockenmasse bezogenen Raten (z. B. Exkretion, Respiration) nicht gut geeignet, homogene und vergleichbare Ergebnisse zwischen Planktongruppen, unterschiedlichen Meeresregionen und ggf. verschiedenen Jahreszeiten zu erzielen (siehe hierzu auch Kap.4.3).

Dies gelingt nur mit einer Basis, die streng an den organischen Gehalt geknüpft ist, z. B. den Kohlenstoffanteilen. Auch deswegen wurden und werden hier alle Bestandswerte auf C-Basis gegeben, sofern nicht andere Erwägungen dagegensprechen.

Aurelia aurita enthält rund 50 mg C g dw^{-1} also ca. 5 % Kohlenstoff in der Trockenmasse. Dabei zeigten aber die Untersuchungen eine leichte Tendenz zur Abnahme mit zunehmender Größe. So machte der C-Gehalt bei Medusen zwischen 27 und 31 cm nur noch 47,6 mg g dW^{-1} aus, während er bei kleinen Tieren mit 51,4 mg g dw^{-1} höher lag. Allerdings sind die Unterschiede so gering und die jeweiligen Streuungen z. T. so hoch, dass die Unterschiede nicht signifikant sind.

Signifikant höher ist jedoch der C-Anteil in kleinen Medusen unter 2 cm Durchmesser, hier betrug der Gehalt 70,1 ± 4,8 mg g dw^{-1} (7 %), was einen auch erhöhten kalorischen Gehalt von 3666 J g dw^{-1} bedeutete. Kleine Medusen scheinen also offensichtlich stärker an organischer Masse angereichert zu sein als die erwachsenen Tiere.

Die bisher angegebenen Werte gelten für ganze Medusen und beachten nicht die unterschiedlichen Dichten organischer Substanz innerhalb der Quallen. Grundsätzlich zeigt der Schirm immer deutlich niedrigere Werte als die Mundarme und die Gonaden. Weitere Differenzen entstehen durch die Befruchtungssituation, wie Abb. 14 darstellt.

Männchen und unbefruchtete Weibchen weisen jeweils die höchsten Gehalte in den Gonaden mit rund 17 % C vom Trockengewicht auf. Die Mundarme enthalten rund 7 % Kohlenstoff und der Schirm lediglich 4 %. Nach der Befruchtung und in Zusammenhang mit der Verlagerung der Eier in die Bruttaschen der Mundarme kommt es zu einer drastischen Verschiebung der organischen Substanz: Die Gonaden „leeren" sich und weisen im befruchteten Zustand nur noch rund 2/3 des ehemaligen Gehaltes auf, während der organische Gehalt der Mundarme etwa um das Doppelte steigt. Nach den experimentellen Bestimmungen und unter Berücksichtigung der Fehlergrenzen werden rund 60 mg C mg dw^{-1} aus den Gonaden in die Mundarme verschoben.

Nach dem Larvenfall ist daher damit zu rechnen, dass die Mundarme auf ihre Ausgangswerte zurückfallen. Dieses Muster spiegelt sich in gleicher Weise in den Protein- und Kohlenhydratgehalten sowie im Stickstoffgehalt.

Insgesamt gehört *Aurelia aurita* mit rund 5 % Kohlenstoffanteil am Trockengewicht innerhalb der Scyphomedusen zu den Vertretern mit den niedrigsten organischen Gehalten (Tab. 7, übernächste Seite)

Dieser niedrige organische Gehalt in den Scyphomedusen führt zu einer besonders effizienten Ausnutzung der Nahrung wie in Kap. 4.4 näher dargestellt wird, wovon *Aurelia* besonders profitiert, da sie nur etwa halb so viel organische Masse wie andere Quallenarten enthält.

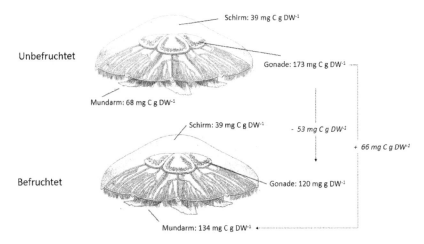

Abb. 14: Gehalte an organischer Substanz (mg C g dw^{-1}) innerhalb der Aurelia-Medusen und deren Verlagerung nach der Befruchtung (nach Schneider 1988a).

Basierend auf den hier dargestellten Messungen wurden für die praktische Arbeit Beziehungen errechnet, die es erlauben, auch unter Feldbedingungen die Biomasse der Ohrenqualle zu bestimmen.

Es gelten:

Nassgewicht vs. Durchmesser:

$$WW = 0{,}088 \times DM^{2,75} \qquad (\,r = 0{,}999,\ n = 59)$$

Kohlenstoffbiomasse vs. Nassgewicht:

$$C = 0{,}867 \times WW + 20{,}85 \qquad (r = 0{,}990,\ n = 36)$$

Aus beiden Gleichungen lässt sich zudem ableiten:

Kohlenstoffbiomasse vs. Durchmesser

$$C = 0{,}076\ DM^{2,75} + 20{,}85$$

Mit: WW = Nassgewicht in g, DM = Durchmesser in cm, C = Kohlenstoffgewicht in mg C.

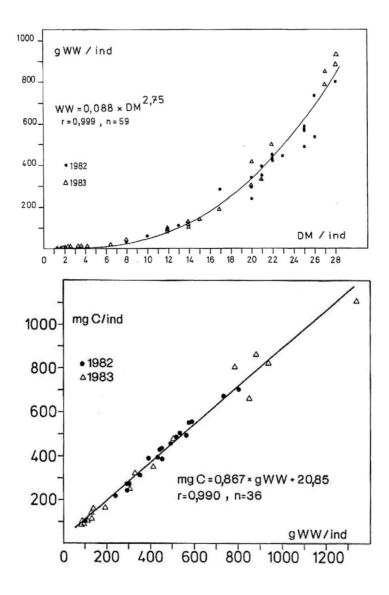

Abb. 15: Durchmesser – Gewichts - Beziehung (oben) und Kohlenstoff – Nassgewichts – Beziehung (aus Schneider 1988a).

Tab. 7: Vergleich des Kohlenstoffgehaltes von *Aurelia aurita* mit anderen Scyphomedusen (Angaben aufsteigend gelistet). Quellen: Schneider 1988a, Purcell et al. 2010)

Art	C % dw	C % ww
Aurelia aurita, Japan	3,7	0,13
Aurelia aurita, Kieler Bucht	5,1 – 5,2	0,09
Aurelia labiata	4,3	0,16
Rhizostoma pulmo	5,6	0,34
Chrysaora fuscescens	7,7	0,28
Pelagia noctiluca	9,0	k. A.
Pelagia noctiluca	11,4	k. A.
Chrysaora quinquecirrha	11,1	0,19
Linuche unguiculata	11,8	0,56
Cyanea capillata	11,6	k. A.
Cyanea capillata	12,8	0,55
Phyllorhiza punctata	12,0	0,46
Periphylla periphylla	19,6	0,46
Nemopilema nomurai	k. A.	0,6

2.5.2 Metabolismus

Respiration:

Untersuchungen zur Atmungsaktivität der Ohrenqualle wurden für die Kieler Bucht von Thill (1937) und Kerstan (1976) vorgenommen. Bei Temperaturen zwischen 13 und 18° C, was in etwa den typischen Bedingungen in der Kieler Bucht entspricht, wurden individuelle Raten von 1,7 – 16,4 ml O_2 ind^{-1} d^{-1} gemessen. Dies entspricht 0,003 – 0,007 ml O_2 mg dw^{-1} d^{-1}.

Leider haben die Autoren keine Respirations-Gewichts-Beziehung ermittelt. Da die Daten aber vorhanden sind, konnte Schneider (1989b) eine entsprechende Beziehung aufstellen (Abb. 16):

$$R = 0.103 \ W^{0.94}$$

(n =18, r = 0,850, r2 = 0,723, p < 0,001)

Mit R = Respiration in ml O_2 ind^{-1} d^{-1}, W = Nassgewicht in g.

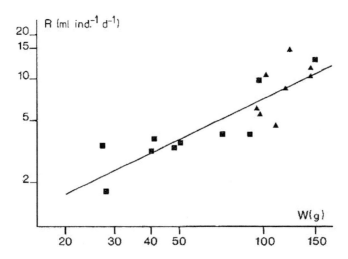

Abb. 16: Die Abhängigkeit des Sauerstoffverbrauchs von dem Gewicht der Ohrenquallen kalkuliert nach Daten von Thill (1937, Quadrate) und Kerstan (1976, Dreiecke) Aus Schneider 1989b.

Wie aus der Grafik deutlich wird, passen beide Datensätze gut zusammen und die „Lücke" von fast 40 Jahren zwischen den beiden Untersuchungen hat keinen erkennbaren Einfluss auf das Ergebnis.

Der hohe Exponent von 0,94 in der Gleichung deutet einen nur geringen Einfluss der Körpergröße auf die Höhe der Respiration an. Dies wird und wurde immer wieder beobachtet und ist bei gelatinösen Planktern häufig anzutreffen (siehe besonders Purcell et al. 2010).

Wie bereits im letzten Kapitel erwähnt, lässt sich aus der Respiration ein C-Turnover von ca. 3 % pro Tag abschätzen.

Ammonium- und Phosphatexkretion:

Messungen zur Exkretion von Ammonium (Schneider 1989a) ergaben Raten zwischen 4,3 und 39,4 µmol ind^{-1} h^{-1} (= 103 − 945 µmol ind^{-1} d^{-1}), die der folgenden allometrischen Gleichung genügten:

$$E_{NH4} = 0,058 \ W^{0,93}$$

(n= 23, r = 0,856, r^2 = 0,733, p < 0,001)

Mit E_{NH4} = Ammoniumexkretion in µmol $ind^{-1} h^{-1}$, W = Nassgewicht in g.

Daraus ließen sich folgende tagesbezogene gewichtsspezifische Raten ermitteln:

Nassgewicht:	0,52 – 1,70 µmol g $ww^{-1} d^{-1}$
Trockengewicht:	28,8 – 94,4 µmol g $dw^{-1} d^{-1}$
Stickstoffgehalt:	2,08 – 6,93 µmol mg $N^{-1} d^{-1}$

Die Messungen zur Ausscheidung von anorganischen Phosphat-P ergaben eine Abhängigkeit vom Gewicht nach:

$$E_{PO4} = 0,010 \ W^{0,87}$$

(n = 9, r= 0,693, r^2 = 0,480, p < 0,05)

Mit E_{PO4} = Phosphatexkretion in µmol $ind^{-1} h^{-1}$, W = Nassgewicht in g.

Die tagesbezogenen gewichtsspezifischen Raten waren:

Nassgewicht:	0,02 – 0,17 µmol g $ww^{-1} d^{-1}$
Trockengewicht:	3,71 – 6,93 µmol g $dw^{-1} d^{-1}$
Phosphorgehalt:	3,06 – 7,69 µmol mg $P^{-1} d^{-1}$

Aus diesen Messungen lassen sich wieder die Turnover-Raten berechnen, sie betrugen:

Stickstoff:	3,9 – 9,7 % d^{-1}, Mittel: 5,4 ± 1,8 % d^{-1}
Phosphor:	9,5 – 22,5 % d^{-1}, Mittel: 14,6 ± 4,4 % d^{-1}.

Das atomare N:P – Verhältnis schwankte zwischen 6,9 und 11,4 (nach Atomen), der Mittewert lag bei 9,1 ± 1,8 : 1.

Ein Vergleich mit der Respiration zeigt, dass der körpergebundene Stickstoff in einer ähnlichen Relation umgesetzt wurde wie der Kohlenstoff, der Phosphorumsatz aber deutlich darüber lag.

2.6 Larvenproduktion

Im Hochsommer, etwa ab Juni oder Juli ist die Befruchtung der meisten Weibchen erfolgt und die Bruttaschen der Mundarme sind voll mit sich entwickelnden Eiern und Larven. Dies ist deutlich an der gelblich-rötlichen Färbung des distalen Mundarmrandes und der „wolkigen" Struktur des Saumes zu erkennen.

Aber wie viele Larven werden eigentlich erzeugt und welchen Anteil der Quallenmasse macht das aus? Kerstan (1976) geht von mehreren Hunderttausend Planulae aus, ohne sich jedoch auf eigene Zählungen oder andere Literaturen zu beziehen.

Es war eines der wichtigen Ziele in der Forschungsperiode 1982 – 1984, die Produktion an Larven zu erfassen und eine ausreichend genaue Kenntnis der Planulaeanzahl pro Weibchen zu erhalten.

In den genannten Jahren wurden jeweils zwischen 9 und 14 Medusen verschiedener Größen per Hand gefangen, die Mundarme entfernt und für die Zählungen fixiert sowie Proben für die Bestimmung des Trockengewichts und des Kohlen- bzw. Stickstoffgehaltes genommen. Die Details der Methode sind in Schneider 1988 b gegeben.

Die Analyse ergab interessante Ergebnisse, die komplexer waren als zunächst vermutet.

Im Einzelnen wurde festgestellt:

1. Die Zahl der erzeugten Larven variierte enorm und schwankte zwischen 25.000 und 2,4 Millionen pro Tier. Dabei stieg die Larvenzahl mit dem Gewicht der Muttermedusen linear an.

2. Die Larvenproduktion unterschied sich dabei drastisch zwischen den drei Jahren, sodass drei getrennte lineare Gleichungen aufgestellt werden mussten:

$$1982: \quad L = 232 \times W + 6.000 \qquad (n = 12, r = 0{,}715, r^2 = 0{,}511, p < 0{,}01)$$

$$1983: \quad L = 417 \times W + 49.900 \qquad (n = 9, r = 0{,}825, r^2 = 0{,}680, p < 0{,}01)$$

$$1984: \quad L = 1457 \times W - 218.400 \ldots\ldots(n = 14, r = 0{.}938, r^2 = 0{,}880, p < 0{,}001)$$

Beurteilt anhand der Steigungsfaktoren, stehen die Planulaezahlen im Verhältnis 1982 : 1983 : 1984 = 1 : 1,8 : 6,3. 1984 wurden also drastisch mehr Larven produziert als 1982 und auch 1983 (Abb. 17)

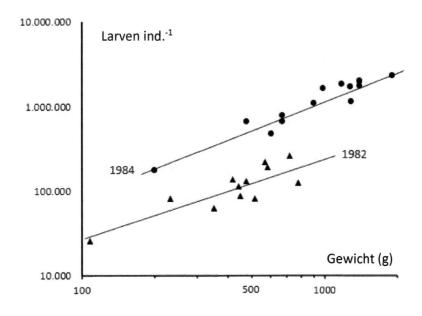

Abb. 17: Die Abhängigkeit der Planulazahlen vom Medusengewicht 1982 und 1984. Für eine bessere Übersichtlichkeit wurden die Daten von 1983 weggelassen. Nach Schneider 1988 b.

3. Da in den Untersuchungsjahren die erwachsenen Medusen unterschiedlich groß waren, wird die Diskrepanz noch verstärkt (Tab. 8).

Tab. 8: Produzierte Larven pro Weibchen mittlerer Größe 1982 – 1984

Jahr	Mittleres Endgewicht (g)	Larvenzahl
1982	400	100.000
1983	950	450.000
1984	1070	1.340.000

Die mittleren „Standardweibchen" produzierten 1983 fast fünfmal so viele Larven wie 1982 und 1984 mehr als 13mal so viele. Die Anzahl der Planulae ist also nicht etwa konstant und zwischen den Jahren nur in engen Grenzen variierend, sondern es kommt zu erheblichen interannuellen Unterschieden. Die Frage, wie viele Larven ein Weibchen produziert, ist nicht allgemeingültig zu beantworten.

4. Im Gegensatz zu der Menge der Planulae nehmen die Gewichte der Larven zwischen den Jahren jedoch ab, wie Tab. 9 zeigt.

Tab. 9 Trockengewicht, Kohlen- und Stickstoffgehalt sowie C : N-Verhältnis der Planulae 1982 – 1984 (μg ind^{-1} ± sd). n = Anzahl der gemessenen Proben, die jeweils einige Tausend Planulae enthielten (im Maximum 34.100) Aus Schneider 1988 b.

Jahr	Trockengewicht	C- Gehalt	N - Gehalt	C : N
1982	1,90 ± 0,6 n = 9	0,68 ± 0,11 n = 13	0,11 ± 0,02 n = 13	6:2
1983	0,92 ± 0,1 n = 6	0,36 ± 0,04 n = 9	0,08 ± 0,0,1 n = 9	4,5
1984	0,60 ± 0,02 n= 8	0,28 ± 0,01 n = 5	0,06 ± 0,003 n= 5	4,7

Von 1982 bis 1984 sanken die individuellen Planulagewichte auf fast 1/3, 1982 werden also sehr schwere und „gehaltvolle" Larven produziert, denn das hohe C : N – Verhältnis darf als Indikator für das Vorhandensein von Speicherstoffen (Lipide, Kohlenhydrate) gedeutet werden, während die C : N – Verhältnisse von 4,5 bzw. 4,7 in den beiden anderen Jahren eine vorwiegend stickstoffreiche, also proteindominierte Zusammensetzung zeigen.

Interessanterweise macht der Kohlenstoff zwischen 36 und 46 % des Trockengewichtes aus, die Planulae weisen also eine Zusammensetzung auf, die nicht-gelatinösem Plankton wie Crustaceen u.a. entsprechen. *Aurelia aurita* konzentriert also die organische Substanz in sehr kleine, hochkalorische Larven mit Längen zwischen 200 und 320 μm und 250 μm im Mittel. Der kalorische Gehalt der Larven liegt zwischen 22.000 und 28.000 J g dw-1 und ist somit rund zehn Mal höher als in den Medusen als Ganzes.

Der Vergleich des in den Larven gebunden Kohlenstoffs mit dem Gesamtkohlenstoffgehalt der Medusen ergab, dass

1982:	16 ± 5 %
1983:	25 ± 10 %
1984:	37 ± 9 %

der in den Medusen gebundenen organischen Substanz in den Larven festgelegt und damit nach Freisetzen der Planulae dem Nahrungsnetz des Pelagials der Kieler Bucht zurückgegeben wurden.

Die Larvenproduktion war also 1984 besonders hoch, was auf eine gute Ernährungssituation schließen lässt, während 1982 wegen der hohen Medusenabundanz die Nahrung wahrscheinlich limitiert war und deshalb nur ein geringerer Anteil in die Fortpflanzung investiert werden konnten.

5. Zusätzlich zu diesen Bestimmungen führten Schneider & Weisse (1985) Respirations- und Exkretionsmessungen im Jahre 1983 durch, um den Elementturnover und damit die maximale Dauer der pelagischen Phase der Larven abschätzen zu können.

Die Versuche ergaben:

Respiration:	$3,22 \pm 1,22$ nl O_2 ind^{-1} d^{-1}
Ammoniumexkretion:	$11,41 \pm 7,33$ pM ind^{-1} h^{-1}
Phosphatexkretion:	$0,92 \pm 0,48$ pM ind^{-1} h^{-1}

Nach den entsprechenden Umrechnungen (RQ = 0,85 angenommen) ergaben sich die nachfolgenden Umsatzraten für die Elemente:

C:	35.28 ng ind^{-1} d^{-1}
N:	3,83 ng ind^{-1} d^{-1}
P:	0,68 ng ind^{-1} d^{-1}

Daraus ergaben sich Umsatzraten von 9,8 % (C), 4,8 % (N), und 9,5 % (P), sodass der absolute und theoretische Endpunkt für die nicht fressenden Larven nach 10 Tagen erreicht war. Realistisch dürfte aber eine Lebensspanne ohne Nahrung von einer Woche anzunehmen sein.

Zusammenfassend kann also festgestellt werden, dass die Larvenproduktion in den einzelnen Jahren stark schwankend ist und wahrscheinlich den Zwängen der Nahrungssituation folgt. Wenn wir der Einfachheit halber zunächst die Ergebnisse von 1983 vernachlässigen, so scheinen zwei gegensätzliche Situationen identifizierbar zu sein:

1. Jahre mit eine hohen Abundanz an Quallen, die einen ebenfalls hohen Nahrungsbedarf bedeuten und, wie im nächsten Kapitel gezeigt wird, zu drastischen Reduktionen im Zooplankton führen, erlauben nur eine geringe Larvenproduktion. Die Anzahl an Plaulae pro Tier ist relativ klein, aber die Larven sind gehaltvoll und schwer. Dies ermöglicht ein Überleben ohne Nahrung von bis zu zwei oder zweieinhalb Wochen, sofern die Respiration ähnlich hoch ist, wie die in den Versuchen ermittelten Raten. Das Überleben der Larven und damit letztendlich der Art wird durch wenige, aber besonders „dotterreiche" Planulae gesichert.

2. Jahre mit geringen Medusenbeständen, die eine gute Nahrungssituation nach sich ziehen, erlauben eine hohe Investition in die Nachkommenschaft, Dabei werden enorme Mengen an Larven freigesetzt, wobei allerdings jede Planula nur einen minimalen organischen Gehalt aufweist, der ggf. noch nicht einmal für eine Woche reicht. Das Überleben der Art wird in diesen Jahren durch ein „Massensähen" gesichert, wobei eine hohe Mortalität zu erwarten ist, denn es muss sehr schnell eine geeignete Siedlungsfläche gefunden und die Umwandlung in einen Polypen erfolgen, der sich selbst ernähren kann.

Dieses Szenario wird aber durch die Ergebnisse des Jahres 1983 in Frage gestellt, da trotz geringer Abundanz und daher zu vermutender gleicher Ernährungslage (die Zooplanktonbestände waren 1983 und 1984 recht ähnlich – Schneider 1989 a) zwar mehr Larven als 1982, aber deutlich weniger als 1984 produziert wurden.

Dies könnte einerseits ein komplexeres Regulationsverhalten als oben beschrieben andeuten, es könnte aber auch ein aberrantes Ergebnis aus einem besonderen, nicht die typischen Verhältnisse widerspiegelnden Sommers sein.

Auffällig ist zumindest, dass 1983 in Vergleich zu den anderen beiden Jahren sehr warm war. So wurden im Juli Temperaturen über 22° C bis in 5 m Tiefe und über 16° C bis in 12 Tiefe (bei 20 m Wassertiefe) gemessen. Im Vergleich dazu waren die warmen Wassermassen im Jahre 1982 auf die obere 6 m beschränkt, darunter war es kälter als 16° C und 1984 zeigte überhaupt keine nennenswerte Erwärmung über 16° C.

Daher kann es nicht auszuschließen sein, dass die Larvenproduktion 1983 unter den hohen Temperaturen „gelitten" hat, da die Medusen einen deutlich höheren Stoffwechsel zu leisten hatten. Dies muss aber Spekulation bleiben.

Leider gibt es kaum Untersuchungen zur Planulaproduktion der Ohrenqualle aus anderen Meeresgebieten, jedoch finden Goldstein und Riisgard (2016) im Kertinge Nor (Dänemark) ebenfalls eine positive Korrelation zwischen Medusengröße und Larvenzahl pro Weibchen, die durch

$$N_L = 160{,}8\ e^{\,0{,}029d}\ \text{(mit d = Durchmesser in mm)}$$

beschrieben wird.

Bei Anwendung auf die Verhältnisse in den hier geschilderten Untersuchungsjahren würden sich für die 22 cm (1982) und 30 cm (1983, 1984) großen Medusen ergeben:

22 cm : 100.000 Larven / Weibchen

30 cm: 965.000 Larven / Weibchen

Diese Beziehung stimmt also recht gut mit den Ergebnissen aus den Jahren 1982 bzw. 1984 überein, während auch gemessen an dieser Beziehung 1983 ungewöhnlich wenig Larven produziert wurden. Dies unterstützt die Vermutung, dass 1983 nicht repräsentativ war.

2.7 Hyperia galba – Der Terminator?

Erwachse Medusen haben keine Feinde mehr und die Mortalität aufgrund trophischer Beziehungen ist gering oder nicht vorhanden. Allerdings kommt es gegen Ende der Lebensphase zu einem starken Befall mit dem Amphipoden *Hyperia galba* (Amphipoda, Hyperiidae), der etwa ab August in zunehmende Zahlen in den Medusen gefunden werden kann.

Für die Kieler Bucht hat Möller (1984 c) den Befall näher untersucht und festgestellt, dass die ersten Individuen im August in den Medusen auftreten, der Parasitierungsgrad aber im September und vor allem im Oktober sprunghaft steigt. Leider wurden von ihm keine gut quantifizierbaren Angaben gemacht, denn er gibt an, dass bis mehr als 40 Hyperien pro 100 ml Quallenmasse beobachtet werden können, was wir hier auch als Gewichtsangabe in Gramm nehmen können. Dies vorausgesetzt, würde also z. B. 400 g schwere Medusen weit mehr als 100 Parasiten in sich tragen.

Deutlich präziser ist dagegen Dittrich (1988), die für *Aurelia aurita* in Helgoländer Gewässern bis zu 40 Tieren pro Meduse angibt. Allerdings sind die Ohrenquallen in der Untersuchung recht klein und erreichen nicht mehr als 12 – 13 cm, was etwa 100 g Gewicht bedeutet. So gesehen sind die Angaben von Möller durchaus als realistisch anzusehen.

Die Befallsrate liegt nach beiden Autoren bei rund 100 %, was auch von dem Autor beobachtet, aber nicht weiter publiziert wurde.

Die Hyperien leben in allen Gewebetypen der Ohrenqualle, konzentrieren sich aber auf die Gonaden, die ja auch die reichste Ausstattung mit organischer Substanz haben und daher das beste Futter darstellen. Sie vermehren sich dort, sodass die Quallen sowohl Lebensraum als auch Futterquelle für diese Amphipoden darstellen.

Dittrich (1988) beschreibt den Wegfraß an den Gonaden, die zunächst noch stattfindende Regeneration der Gewebe recht genau und betont den Nahrungswechsel zur Mesogloea des Schirmes, die dann immer löchriger und degenerierter wird, die Tentakeln verliert, bis eine Nahrungsaufnahme nicht mehr möglich ist. Ob dies aber ein Resultat der Hyperien ist oder der Fraß mit einer genetisch fixierten Degenerationsphase zusammenfällt, diese ggf. unterstützt und beschleunigt, bleibt aber unklar.

Ebenfalls nicht wirklich geklärt ist, ob die Amphipoden die Fruchtbarkeit der Medusen durch den Fraß an den Gonaden beeinträchtigen oder nicht. Nach Beobachtungen des Autors ist dies als unwahrscheinlich anzusehen, da in der Kieler Bucht die Eier und Larven ein bis zwei Monate vor dem massivem Befall mit dem „Quallenfloh" bereits in die Mundarme verbracht sind und außerdem niemals Hyperien an den Mundarmen gefunden wurden, die ja nach der Befruchtung die höchste Konzentration an organischem Material aufweisen. In vielen Fällen wurden die Amphipoden erst in den Medusen beobachtet, wenn die Mundarme bereits geleert oder teilentleert waren.

Davon unabhängig ist zu fragen, ob diese Parasiten letztendlich den Tod der Medusen bewirken. Dies ist nicht sehr wahrscheinlich, da die Aquariumsmedusen bei Zahn (1981, siehe Abb. 8) ebenfalls deutliche Reduktionserscheinungen ohne die Anwesenheit der Parasiten und bei ausreichendem Nahrungsangebot zeigten. Degeneration und Tod dürften genetisch fixiert sein, *Hyperia galba* fördert und verkürzt aber sicher diesen Prozess.

Mit dem Verschwinden der Medusen endet zumindest in der Kieler Bucht auch die Massenentfaltung des Amphipoden. Da keine Medusen mehr da sind, die befallen werden können, ist Hyperia im freien Wasserkörper anzutreffen und wird dort schnell von Fischen, insbesondere dem Hering gefressen, da bei Magenuntersuchungen immer wieder größere Mengen des Quallenflohs gefunden werden (Quadfasel in Möller 1982). Einige retten sich jedoch in die Polypenkolonien von *Aurelia* und sollen dort überwintern (Thiel 1962).

Die Biomasse, die von den Amphipoden im Laufe ihrer Entwicklung aufgebaut wird kann leider nicht ausreichend abgeschätzt werden, da wir zwar die biochemische Zusammensetzung und die Gewichte kennen, nicht aber wie viele Hyperien wirklich sich entwickelt haben. Das Trockengewicht der ausgewachsenen Tiere liegt bei 6 – 7 mg, was etwa 2,5 mg Kohlenstoff entspricht (Dittrich 1991). Bei einem Besatz von 100 Tieren pro Meduse wären das über 250 mg C / Meduse. Und dies bei Medusen, die insgesamt nur 370 mg C (bei 400 g Nassgewicht wie 1982) aufweisen. Dies stimmt nicht mit den Lebendbeobachtungen überein, denn die Hyperien fressen die Quallen nicht im Ganzen auf.

Entweder stimmen die Besatzzahlen nicht oder die Medusen haben eine derart hohe Regenerationskraft der Gewebe, dass sie für uns unbemerkt große Mengen organischen Materials produzieren und direkt an die Hyperien „weiterreichen". Als dritte Möglichkeit steht noch zur Diskussion, dass Hyperia gar nicht ausschließlich von dem Quallengewebe lebt, sondern auch durch die Meduse gefangene Nahrung mitverwendet, also kommensalisch lebt. Aufgrund dieser Unsicherheit sind wir nicht in der Lage seriöse Aussagen zu den Kohlenstoffbudgets zu machen. Da jedoch die Tiere in recht hohen Zahlen anzutreffen sind und auch eine nicht unerhebliche Biomasse pro Individuum darstellen, sollte der C-Flux von den Quallen in die Hyperien und von dort in die Fische nicht unterschätzt werden.

3. Wirkungen und Rückwirkungen

Quallen sind schon lange als Zooplanktonräuber bekannt und diverse Untersuchungen, zum damaligen Zeitpunkt vor allem in amerikanischen Gewässern (siehe Literatur in Behrends & Schneider 1995), zeigten, dass Massenvorkommen von Ctenophoren und Scyphomedusen zu Einbrüchen in den Zooplanktonbeständen führen.

Dies war auch für die Kieler Bucht anzunehmen, zumal Möller (1984 c), einen sehr eingängigen Datensatz vorlegte, der eine entsprechende „Botschaft" nahelegte, (Abb. 18).

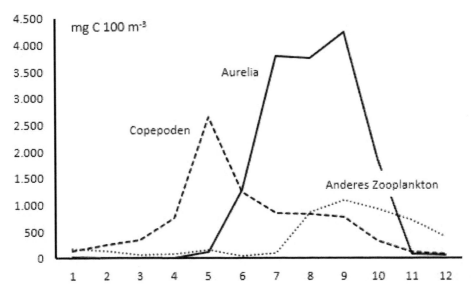

Abb. 18: Die Bestände an Copepoden, Aurelia-Medusen und anderem Zooplankton im Jahresverlauf. Nach Daten aus Möller (1984 c).

Von diesen ersten Hinweisen abgesehen waren jedoch verlässliche Daten nicht verfügbar. In der dritten Forschungsperiode von 1990 – 1995 sollte daher in Kombination mit den Erhebungen im Rahmen des Helcom Baltic Sea Monitoring geprüft werden, ob die Ohrenquallen einen nachweisbaren Einfluss auf die Planktonkomponenten der Kieler Bucht haben. Die Kombination beider Erhebungsprogramme ermöglichte es, Daten zum Vorkommen der Medusen und zu Beständen anderer trophischer Ebenen zu kombinieren. Damit sollten die Daten und Ergebnisse aus den Forschungsperioden 1978 / 1979 und 1982 – 1984 ergänzt und vervollständigt werden.

3.1 Zooplanktondynamik

Die Untersuchungen zu den Interaktionen zwischen Quallen und dem (Meso)Zooplankton fanden unter glücklichen Umständen statt, da während der Beobachtungsjahre eine breite Spanne an Aurelienbeständen auftrat (Abb. 19).

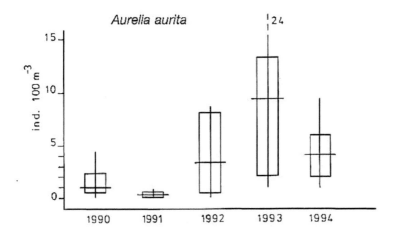

Abb. 19: Die Abundanzen an Aurelia aurita 1990 – 1994 (ind. 1000m^{-3}). Medianwerte mit 50 %-Bereich (Boxen) und Spannbreite (vertikale Striche). Aus Behrends & Schneider 1995 (in dieser Veröffentlichung fehlen noch die Daten von 1995, diese wurden erst in Schneider & Behrends 1998 berücksichtigt).

So waren in den Jahren 1990 und 1991 nur wenige Medusen anzutreffen (1,0 bzw. 0,3 Tiere 100 m^{-3}), während 1993 der Medianwert 9 Medusen 100 m^{-3} betrug. Die Differenz betrug als etwa Faktor 30. 1992 und 1994 traten mittlere Bestände mit rund 4 – 5 Tieren pro 100 m^{-3} auf. Zusätzlich wurden 1995 0,7 Medusen 100 m^{-3} angetroffen. Die Ergebnisse von 1995 haben aber nur z. T. Eingang in die Auswertungen gefunden und sind besonders in Schneider & Behrends (1998) berücksichtigt.

Unter der Arbeitshypothese, dass hohe Medusenbestände zu deutlichen Reduktionen im Zooplanktonbestand führen sollten und vice versa, waren die angetroffenen Verhältnisse daher geradezu ideal. Dies zeigt, nur nebenbei bemerkt, dass die Ergebnisse von Feldversuchen auch ein wenig vom Glück abhängen – es hätte auch anders kommen können.

Die ermittelten Signale waren unter diesen Rahmenbedingungen auch entsprechend stark ausgeprägt, wie aus Abb. 20 und 21 auf der nächsten Seite zu entnehmen ist. Sowohl das Zooplankton insgesamt als auch die Copepoden zeigten deutliche und signifikante Unterschiede (Kruskal-Wallis-Test in Kombination mit Nemenyi-Test) zwischen den Jahren und in Abhängigkeit von der Quallendichte (Abb. 20 A, B).

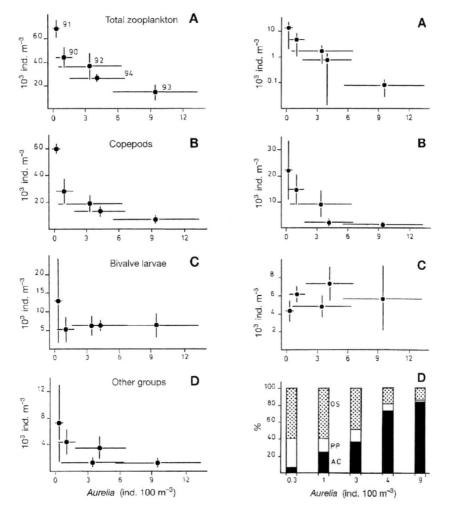

Abb. 20: Die Abhängigkeit der Zooplanton-bestände von den der Medusendichte 1990 – 1994. Aus Behrends und Schneider 1995.

Abb. 21: Die Bestände der Copepoden in Abhängigkeit von der Medusendichte; A: *Oithona similis*, B: *Pseudo-* und *Paracalanus* spp. C: *Centropages hamatus + Acartia* spp. Teilgrafik D zeigt die relative Zusammensetzung der Copepodenfauna in Abhängigkeit von den Aurelia-Beständen; OS = *Oithona similis*, PP = *Pseudo-/ Paracalanus*, AC = *Acartia + Centropages*. Aus Behrends & Schneider 1995.

Keine signifikanten Unterschiede wurden jedoch für die Muschellarven und die Sammel-kategorie „Other Groups" festgestellt. Die Reduktion des Zooplanktons verdankt sich also vornehmlich der Abnahme der Copepoden.

Innerhalb der Copepoden waren vor allem *Oithona similis* (Abb. 21 A) und die *Pseudo-* und *Paracalanus*arten (Abb. 22 B) betroffen, während sich *Centropages hamatus* und die *Acartia*arten weder bei getrennter noch bei gemeinsamer Betrachtung von den Medusendich-ten abhängig zeigten. Dies führte zwischen den Jahren zu Verschiebungen des Artenspek-trums, wobei – als jeweilige Endpunkte – im Jahre 1990 vor allem *Oithona similis* und die *Pseudo-/Paracalanus*arten die Copepodenfauna der Kieler Bucht dominierten, im Jahre 1994, bei 30fach höherer Medusendichte, jedoch *Centropages hamatus* + *Acartia* spp.

Der Einfluss der Ohrenquallen ist also nicht nur einfach eine generelle Reduktion des Zooplanktons, sondern diese geht auch mit deutlichen Artenverschiebungen einher – es wird das Gemeinschaftsgefüge verändert.

Dies fordert natürlich auch eine Prüfung andere Erklärungsmuster heraus, denn könnte es nicht auch sein, dass Unterschiede in der Primärproduktion ein unzureichendes Nahrungs-angebot für die Copepoden bereitstellen? Die Prüfung ergab aber, dass diese Alternative nicht zielführend ist, denn die höchsten Zooplanktonbestände wurden 1991 beobachtet, das Jahr, für das in dem Betrachtungszeitraum mit im Mittel 82 ± 12 mg C m^{-2} d^{-1} die nied-rigste Primärproduktion festgestellt wurde. 1992, mit der höchsten, fast doppelt so hohen Primärproduktion wie 1991, waren die Zooplanktonbestände in einem mittleren Bereich. Ähnliche Probleme konnten bei dem Versuch festgestellt werden, die Differenzen der Zooplanktonbestände auf Variationen der Phytoplanktonbestände zurückzuführen.

Die Ergebnisse stehen auch in scheinbarem Widerspruch zu den Nahrungsuntersuchungen von Kerstan (1976), der ja als Hauptnahrungsorganismen Muschellarven und *Centropages hamatus* fand. Also gerade jene Organismen, die in unseren Analysen keine signifikant nachweisbare Abhängigkeit von der Quallendichte aufwiesen.

Dieser Widerspruch ist aber aufzulösen, wenn die zeitliche Entwicklung im Plankton der Kieler Bucht mit betrachtet wird. *Centropages hamatus* und *Acartia spp.* sind typische Sommerarten, die zu dieser Jahreszeit auch reproduzieren und deren Fortpflanzungspo-tenzial offensichtlich hoch genug ist, die Verluste auszugleichen. *Pseudo-* und *Paracalanus* sind dagegen typische Frühjahrsarten, deren Reproduktionsphase mit der Hauptwachs-tumsperiode der Ohrenquallen zusammenfällt. Im Sommer – nur der wurde hier unter-sucht – ist entweder keine oder nur eine geringe Reproduktion der genannten Arten zu erwarten. Die Verluste durch Quallenfraß können nicht ausgeglichen werden. Ähnlich ist es bei *Oithona similis*.

Die Muscheln entlassen ihre Larven ebenfalls vornehmlich im Sommer und zwar in ausrei-chend großer Zahl und über einen genügend langen Zeitraum, sodass ebenfalls die Quallen keinen sichtbaren Einfluss auf die Bestände hatten. Was weggefressen wird, wird ersetzt.

Nachgegangen wurde außerdem der Frage, wie sich die „Gesamtzooplanktonbiomasse",
also Mesozooplankton + *Aurelia aurita* in den Jahren änderte. Hierfür wurde mit entsprechenden Konversionsfaktoren gearbeitet (Details siehe Schneider % Behrends 1998). Das
Ergebnis zeigt Abb. 22 auf der nächsten Seite.

Das Resultat ist so eindeutig, dass ggf. kleinere Fehler bei den Umrechnungsfaktoren nicht
ins Gewicht fallen: Die Gesamtbiomasse sinkt, in dem Untersuchungszeitraum 1990 – 1995
von etwas über 150 g C 1000 m^{-3} auf etwas über ein Drittel dieses Wertes. Der Anteil der
Aurelien macht dann bis zu 50 % der Gesamtbiomasse aus. Medusenreiche Jahre sind daher durch Zooplanktonarme und in den Quallen konzentrierte Planktonbiomasse gekennzeichnet.

Kritisch angemerkt muss natürlich werden, dass hier vor allem Biomasse- oder Abundanz-
vergleiche vorgenommen wurden, ohne zu prüfen, ob der Medusenwegfraß einen signifikanten Einfluss auf die Produktionsleistung des Zooplanktons, die Sekundärproduktion,
hat. Nur so könnten die dargestellten Zusammenhänge auch theoretisch untermauert werden.

Einen ersten Eindruck von der Fraßintensität der Quallen liefern die Populations-
Clearance-Raten und die „Halb-Überlebenszeiten" (half-life time) des Zooplanktons, die
nach den Gleichungen von Olesen (1995) und Riisgård et al. (1995) berechnet wurden. Die
Ergebnisse zeigt Abb. 23 auf der nächsten Seite.

Die Berechnungen ergaben eine maximale Clearance von 20 % des Wasservolumens ver-
bunden mit einer Reduktion der Halb-Überlebenszeit (= nach dieser Zeit ist die Hälfte des
Zooplanktons durch Fraß reduziert) von etwa 20 Tage auf nur noch rund 4 Tage. Der Einfluss der Ohrenqualle auf die Sekundärproduktion ist erheblich.

Bereits früher hatten Schneider (1989) und Schneider & Behrends (1994) Modellrechnun-
gen zur Bestimmung des Medusenfraßes auf die Sekundärproduktion vorgelegt.

Im ersten Ansatz wurden Wachstum, Reproduktion und als Maß für den Metabolismus die
Respiration für die Jahre 1982 und 1983 bestimmt. Dabei sollte 1982 als Modell für ein
quallenreiches, 1983 für ein quallenarmes Jahr dienen. Die Kalkulationen ergaben folgende Gesamtergebnisse (Tab 10, übernächste Seite).

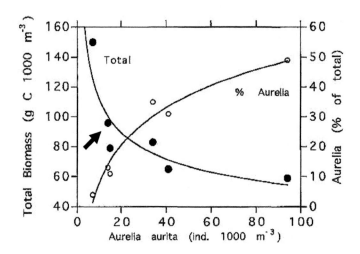

Abb. 22: Entwicklung der Gesamtzooplanktonbiomasse („Total") bestehend aus Mesozooplankton (> 200µm) + Quallen und der Anteil der Medusen an dieser Biomasse. Bitte
beachten: In dieser Grafik ist die Volumeneinheit 1000 m³ und nicht 100 m³ wie bisher.
Außerdem enthält die Publikation auch die Daten von 1995 (Pfeil), die in Behrends &
Schneider (1995) noch fehlen und sich nahtlos in den schon bestehenden Trend einreihen.

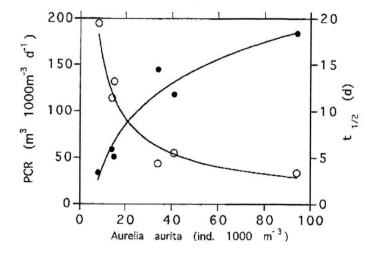

Abb. 23: Darstellung der rechnerisch ermittelten Population Clearance Rate (PCR, Punkte)
von *Aurelia aurita* und der Halb-Überlebenszeit t ½ des Zooplanktons (Kreise) 1990 – 1995.
Aus Schneider & Behrends 1998.

Tab. 10: Produktion und Konsumption durch Aurelia aurita 1982 und 1983 (nach Schneider 1989). Der Begriff „Jahr" bezieht sich hier auf die Zeitspanne, in der die Medusen auftreten (ca. 8 – 10 Monate). Nach Schneider 1989, mittlere Werte.

Modell	Quallenreich	Quallenarm
Beispieljahr	1982	1983
Abundanz Quallen n 100 m^{-1}	16	0,5
Wachstum gC 100m^{-3} Jahr^{-1}	5,4	1,9
Reproduktion gC 100m^{-3} Jahr^{-1}	0,6	0,2
Respiration gC 100m^{-3} Jahr^{-1}	22,7	3,3
Assimilierte Nahrung gC 100m^{-3} Jahr^{-1}	28,7	5,4
Ingestierte Nahrung gC 100m^{-3} Jahr^{-1}	35,9	6,8
Nahrungsbedarf, Jahresmittel mgC 100m^{-3} d^{-1}	274	59

Nach dieser Modellrechnung haben in quallenreichen Jahren die Medusen einen Nahrungsbedarf von 36 g C 100m^{-3} Jahr^{-1} mit einem mittleren täglichen Bedarf von 270 mg C 100 m^{-3} d^{-1}, wobei während der frühjährigen Wachstumsphase bis 320 mg C 100m^{-3} d^{-1} benötigt werden.

Die Sekundärproduktion kann einerseits über die Primärproduktion im Sommer bei einer Transfereffizienz von 20 % zu 0,8 g C 100m^{-3} d^{-1} abgeschätzt werden. Gemessen daran entnehmen die Medusen in quallenreichen Jahren etwa 34 % der täglichen Produktion entnehmen. Andererseits, und unabhängig davon, ermittelte Martens (1976) eine Sekundärproduktion von 34 g C m^{-2} Jahr^{-1}, was 170 gC 100 m^{-3} Jahr^{-1} entspricht. Davon wird etwa die Hälfte während der Quallensaison produziert. Legt man diesen Wert zugrunde so entnimmt *Aurelia aurita* in Spitzenjahren rund 42 % der täglichen Produktion. Grosso modo stimmen die Ergebnisse beider Kalkulationen also überein.

In der Wachstumsphase sind aber die Nahrungsbedürfnisse deutlich höher, während gleichzeitig die Sekundärproduktion geringer ist. Daher werden in dieser Phase rund 64 % der täglichen Sekundärproduktion entnommen. Diese Abschätzungen machen die Zooplanktonzusammenbrüche in quallenreichen Jahren plausibel

Im quallenarmen Jahr liegen dagegen die Werte bei 7 bzw. 8 % der Sekundärproduktion, die auch während der Wachstumsphase nicht erheblich ansteigt. Dementsprechend ist der Einfluss der Medusen auf die Zooplanktonbestände gering.

Wahrscheinlich liegt der Einfluss der Medusen in quallenreichen Jahren noch um einiges höher, da hier nicht die Abgabe gelöster organischer Komponenten berücksichtigt wurde. Die Untersuchung von Hansson und Norrman (1995) ergab, dass 2,5 – 7 % der assimilierten Nahrung über DOC freigesetzt werden.

In einem alternativen Ansatz (Schneider 1993, Schneider & Behrends 1994) wurde versucht, den Einfluss auf die Sekundärproduktion über die Daten zur Stickstoffexkretion inkl. einer Annahme zum organischen Anteil (30 % des Gesamt-N) zu erfassen. Als Vergleichsgrundlage dienten die Zooplanktondaten von Martens (1976) und die Abschätzung der Sekundärproduktion erfolgte über eine Transferrate (P / B – Ratio) von 20 % bzw. 0,2.

Das Ergebnis der Berechnungen ist in Abb. 24 auf der nächsten Seite dargelegt. Die Ergebnisse legen für ein quallenarmes Jahr (2 große Medusen 100 m^{-3}) einen nicht erheblichen Fressdruck nahe, wohingegen in quallenreichen Jahren (10 kleine Medusen 100 m^{-3}) ein erheblicher Teil der täglichen Sekundärproduktion durch *Aurelia aurita* weggefressen wird. Wird nur die anorganische Stickstoffexkretion zugrunde gelegt, so werden etwa 40 % der täglichen Sekundärproduktion konsumiert, wobei ein Spitzenwert von 260 mg 100 m^{-3} d^{-1} errechnet wurde. Dies ist sehr ähnlich den Ergebnissen, die via die Respiration bestimmt wurden. Wird der organischen N-Anteil mitberücksichtigt, so steigt der Verbrauch in Spitzenzeiten auf bis zu 60 % der Sekundärproduktion.

Fasst man alle Ergebnisse und Befunde zusammen, so sind die beobachteten Zooplanktoneinbrüche in quallenreichen Jahren gut zu erklären und *Aurelia aurita* übt in solchen Situationen einen massiven Fressdruck auf die Zooplanktongemeinschaften aus. Die Ohrenqualle ist dann also ein strukturierendes Element in der Kieler Bucht. Aber wirkt sich das auch auf das Phytoplankton aus?

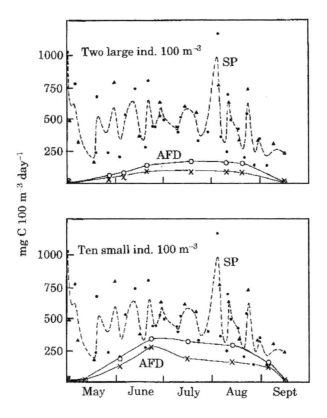

Abb. 24: Vergleich des täglichen Nahrungsbedarfs der Medusen (AFD) mit der errechneten Sekundärproduktion (SP) in mg C 100m^{-1} d^{-1}. Oben für ein quallenarmes Jahr mit zwei großen Medusen (1000 g), unten für ein quallenreiches Jahr mit 10 kleinen Medusen (400 g) pro 100 m^3. Die Kreuze geben die Ergebnisse für die Kalkulationen nur mit dem anorganischen Stickstoffanteil, die Kreise mit Berücksichtigung des organischen Stickstoffs wieder (aus Schneider & Behrends 1994).

3.2 Einfluss auf die Phytoplanktonzusammensetzung

Zooplankton frisst Phytoplankton und Quallen fressen Zooplankton. Wirkt sich die quallenbedingte Reduktion des Zooplanktons auf die Menge und / oder Zusammensetzung des Phytoplanktons aus? Und wenn ja, wie? Diese Frage sollte mit Hilfe der Analyse von Phytoplanktondaten erfolgen, die auf den gleichen Ausfahrten wie die Bestandserhebungen zum Zooplankton und den Medusen gewonnen wurden.

Die Ergebnisse der Chlorophylldaten sind sehr variabel, aber in der Tendenz eindeutig: Je mehr Medusen, umso mehr Pflanzenfarbstoff im Wasser (Abb. 25).

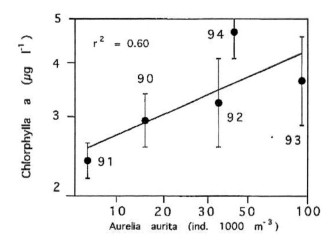

Abb. 25: Die in den oberen 10 m der Kieler Bucht ermittelten Chlorophyllwerte (μg l^{-1}) in Abhängigkeit von der Medusendichte (aus Schneider & Behrends 1998)

Dies würde mit der Arbeitshypothese verträglich sein, dass der nachlassende Fressdruck seitens des Mesozooplanktons eine Bestandsteigerung des Pflanzenplanktons um ca. 50 % ermöglicht. Dies setzt aber voraus, dass die Phytoplanktonbestände im Wesentlichen durch das Grazing bestimmt werden und Nährstofflimitation keine besondere Rolle spielt.

Die Situation ist bzw. war jedoch komplexer, denn wie Abb. 26 zeigt, ist auch durch Utermöhl-Zählungen zwar eine Steigerung der Zellzahl erkennbar, aber nur im damals so bezeichneten „Ultraplankton", also bei Zellen kleiner 15 μm. Das Mikrophytoplankton > 15 μm zeigte dagegen keine Abhängigkeit von den Quallenbeständen.

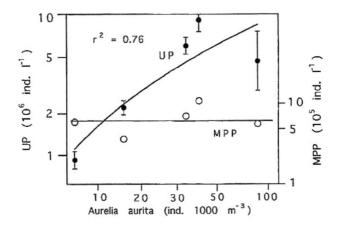

Abb. 26: Veränderung des Ultraplanktongehaltes (UP, Zellen < 15 µm) und fehlender Trend im Mikrophytoplankton (MPP, Zellen > 15 µm) in Abhängigkeit von der Quallendichte. Aus Schneider & Behrends (1998).

Der Versuch, diese Variationen durch Unterschiede in der Primärproduktion zu erklären, führte zu keinem positiven Ergebnis, vor allem war nicht einsehbar, warum das Mikrophytoplankton überhaupt nicht von diesen Variationen der Primärproduktion profitieren sollte. Der im Phytoplankton festgelegte Kohlenstoff (PPC) war 1994 am höchsten (475 mg m^{-3}), obwohl der Produktionswert mit 146 mg C m^{-2} d^{-1} durchaus nicht der höchste Wert war. Und der recht ähnliche Wert (135 mg C m^{-2} d^{-1}) im Jahre 1990 „erbrachte" nur einen PPC-Bestand von gerade mal 106 mg m^{-3}, also fast nur ein Fünftel.

Die wahrscheinlichste Erklärung liegt in der Zusammensetzung des Zooplanktons. Wie dargestellt wurde, waren von den Zooplanktoneinbrüchen insbesondere die *Pseudo*- und *Paracalanus*arten sowie *Oithona similis* betroffen. Jedoch nicht *Centropages* und *Acartia* (Abb. 21). *Pseudo*- und *Paracalanus spp.* sind jedoch dafür bekannt, eher im kleinen Zellspektrum zu fressen, wobei die „klassische" Zuschreibung als „herbivor" nicht aufrechterhalten werden kann. Centropages und Acartia jedoch fressen eher im gröberen Partikelspektrum (Schnack 1982).

Das Verhältnis zwischen diesen Copepodengruppen unterschiedlicher Nahrungspräferenzen ist in Abb. 27 dargestellt, und zeigt die deutliche Reduktion der „Feinfiltrierer" gegenüber den „Grobfiltrierern". Letztere werden durch die Quallen praktisch nicht beeinflusst. Abb. 28 wiederum demonstriert die erstaunliche Abhängigkeit der Feinfiltrierer von der Medusendichte und die Abhängigkeit der sog µ-Flagellaten (Zellen < 12 µm) von den Beständen der Feinfiltrierer.

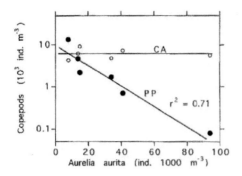

Abb. 27: Die Veränderung des Verhältnisses zwischen „Grobfiltrierern" (*Centropages* + *Acartia*, CA) und „Feinfiltrierern" (*Pseudo-* und *Paracalanus*, PP) durch unterschiedliche Medusendichten. Aus Schneider & Behrends 1998.

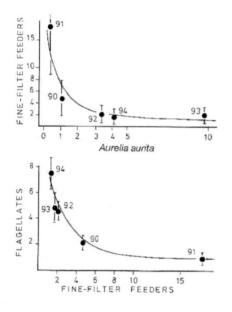

Abb. 28: Reduktion der „Feinfiltrierer" durch die Medusen (oben) und die Reduktion der sog. µ-Flagellaten durch die Feinfiltrierer (unten). Anders ausgedrückt: Je mehr Quallen, umso weniger Feinfiltrierer und je weniger Feinfiltrierer, umso mehr „µ-Flagellaten". Aus: Schneider & Behrends 1994.

Fasst man die dargestellten Befunde zusammen und bewertet sie kritisch, so spricht vieles dafür, dass reiche Quallenvorkommen durch eine Reduktion des Zooplanktons, insbesondere der Feinflitrierer, der Entfaltung des Phytoplanktons im Rahmen der durch die Nährstoffverfügbarkeit gesteckten Grenzen förderlich sein können. Dies betrifft insbesondere die „Ultraplanktonfraktion", also das Nano- und ggf. auch Teile des Picoplanktons. Dies spiegelt sich in erhöhten Chlorophyllwerten und erhöhten Zellzahlen im Vergleich zu quallenarmen Situationen.

Ähnliche Dreiecksbeziehungen wurden sowohl für Scyphomedusen als auch für Ctenophoren in anderen Gewässern gefunden und auch experimentell nachgewiesen (Literatur siehe Schneider & Behrends 1998).

Auch wenn es grundsätzliche Schwierigkeiten mit den Befunden gibt, darf *Aurelia aurita* als Top-Down-Regulator im Pelagial der Kieler Bucht angesehen werden, der sowohl die Zooplankton- als auch wahrscheinlich Teile der Phytoplanktonbestände steuert.

Nichtsdestoweniger sind die damals gemachten Beobachtungen nicht mehr als „gute Hinweise" auf den Zusammenhang zwischen Quallendichte und Phytoplanktonentwicklung (das Zooplankton steht außer Frage). Es hätten Versuche in Aquarien und / oder Mesokosmen folgen können bzw. müssen, um diese Hinweise experimentell und unter definierten Bedingungen erhärten zu können.

In einer vierten Forschungsstaffel sollte dies - auch zusammen mit Blick auf mikrobielle Prozesse und die Rolle der gelösten Substanzen (DOC, DON) – erfolgen. Jedoch wurden diesbezügliche Anträge als „nicht mehr zeitgemäß" mit Desinteresse quittiert und die entsprechenden Bemühungen von den Verantwortlichen weder finanziell noch ideell unterstützt. Damit fanden nach fast 20 Jahren die Kieler Forschungen zur ökologischen Rolle der Ohrenquallen im Pelagial der Kieler Bucht ihr Ende.

3.3 Fischlarvenprädation

Aurelia aurita hat ein weites Nahrungsspektrum, dass gewissermaßen einmal durch das gesamte pelagische Tierreich spannt. Dazu gehören auch Fischlarven, wobei für die Kieler Bucht besonders der Hering interessant ist, da dessen Brut zeitgleich mit der Wachstumsphase der Quallen im Plankton vorkommt. Mortalität und Nahrungskonkurrenz wären möglich.

Möller (Möller 1982, 1984a, b) hat daher versucht, den zu erwartenden Effekt zu erfassen und zu quantifizieren. Insbesondere in den Maimonaten der Jahre 1978 – 1981 war die Prädation von *Aurelia aurita* auf die Heringslaven hoch. So enthielten z. B. im Mai 1979 im Mittel 35 ± 25 % aller Quallen Heringslarven.

Die durchschnittliche Stückzahl pro Meduse – die Durchmesser lagen nur bei wenigen Zentimetern – schwankte zwischen 0,1 und 11 Larven pro Tier, lag aber meist unter 1 Larve pro Meduse im statistischen Mittel.

Die Verdauungszeit wurde experimentell zu 5 h bestimmt, der tägliche Wegfraß damit zu 1 – 16 Larven pro Tag ermittelt. Leider sind in den Arbeiten keine Abundanzen für die Quallen angegeben, sondern nur ml Verdrängungsvolumen, was als Gewichtsmaß mitinterpretiert war. Daher ist eine Abschätzung der täglichen Prädation und des Fraßdruckes auf die Heringslarvenbestände nicht möglich.

Eine Nachprüfung der Daten aus den Jahren 1978 – 1981 auf Korrelation zwischen Aurelienvolumen und Larvendichte (Daten nach Tab. 47 in Möller 1982) ergab keinen signifikanten Zusammenhang, was ggf. auch nicht verwunderlich ist, da die Larvendichte ja nicht nur von den Medusen, sondern zunächst erst einmal von der Bestandshöhe der laichenden Heringe abhängt.

Da auch die Größe der Laichbestände nicht bekannt war, konnte Möller (1982, 1984 a) nur auf die Anlandungen zurückgreifen und diese als indirektes Maß für die Größe der Laichbestände verwenden. Dabei zeigt sich, dass in den beiden quallenschwächsten Jahren 1979 und 1981 bei Anlandungen von 62.000 und 49.000 kg die höchsten Larvenbestände gefunden wurden. Die Spitzenanlandung im Jahr 1980 betrug dagegen 80.000 kg. Da es aber angeblich auch ein besonders quallenstarkes Jahr war, erreichte die Larvenzahl der Heringe trotz des hohen Bestandes gerade mal 35 % des Wertes von 1979. Die Prädation dürfte sich dann Bahn gebrochen haben.

Das Problem ist hier aber, dass Möller (1982) den hohen Quallenbestand des Jahres 1980 einer einzigen Terminfahrt „verdankt", denn die Quallenfänge an den anderen fünf Beprobungstagen waren durchaus ähnlich jenen von 1978 – für das er aber keine Anlandungsdaten für Heringe ermitteln konnte. Sollte das hohe Ergebnis für 1980 nur aufgrund eines ungewöhnlichen Tages, unglücklich beprobter Patches etc. beruhen, würde die ganze Argumentationskette zusammenbrechen. Man wünschte sich, er hätte noch einige Termine danach untersucht.

Aus dem Gesagten ergibt sich somit, dass quantitative Aussagen zur Prädation von *Aurelia aurita* auf die Jungbrut des Herings in der Kieler Bucht kaum möglich sind. Sicher ist ein Einfluss sichtbar, und in sehr quallenreichen Jahren wird ein nicht unerheblicher Teil der Jungbrut den Quallen zum Opfer fallen, aber ob dies tatsächlich auch Auswirkungen auf die Bestände der adulten Heringe hat, ist zweifelhaft. Nach Einschätzung des Autors ist dies wahrscheinlich nur in Jahren mit besonders vielen Quallen zu erwarten. Würde z. B. wie 1982 eine Spitzenabundanz von 16 Medusen 100m^{-3} auftreten und die mittlere tägliche gefressene Menge der Larven bei 8 / Tag liegen, so wäre der maximale Wegfraß rund 130 Larven pro Tag. Über einen vierwöchigen Zeitraum (die typische Zeitspanne, in der die Larven durch die Quallen erbeutet werden) würden 3600 Larven 100m^{-3} vernichtet. Unter diesen besonderen Umständen, mag der Fraß durch *Aurelia* auch auf die Bestände „durchschlagen". Schon in mittelstarken Jahren dürfte jedoch der Hering kaum unter der Jungbrutvernichtung leiden.

Dies stimmt auch im Wesentlichen mit jenen anderer Forscher zur Larvenprädation durch *Aurelia* auf den Hering überein (Titelmann & Hansson 2006 und darin zitierte Literatur), sodass bei entsprechenden Quallenbeständen auch in der Kieler Bucht der Larvennachwuchs leidet.

Es wäre aber zusätzlich zur Frage nach der Fraßsterblichkeit der Larven die Frage zu stellen, inwieweit die Jungheringe eine durch die Quallen hervorgerufene allgemeine Zooplanktonarmut während des Sommers überleben. In quallenreichen Jahren könnte es durchaus zu Nahrungslimitation und eine erhöhte Mortalität insbesondere bei den Jungfischen kommen. Die Bestandseinbrüche und dadurch verminderte Nachkommenzahlen würden sich dann ggf. erst im nächsten Jahr auswirken. Trotz aller Unwägbarkeiten ist dennoch ein Einfluss massiver Quallenpopulationen auf die Heringsbestände zu erwarten. Unter Umständen aber mit Zeitverzögerung. Aber es gibt in der Richtung m. W. keine Daten aus der Kieler Bucht, die hinreichend stringent sind, dies zu prüfen.

Während der Larvalphase dürfte – zusammenfassend- Nahrungskonkurrenz kein sonderliches Problem sein, denn zu dieser Zeit findet die höchste Massenentfaltung des Zooplanktons statt und die Medusen haben noch einen vergleichbar niedrigen Nahrungsbedarf. Hier spielt die Prädation die Hauptrolle. Später im Hochsommer, bei voller Entfaltung der Medusenbestände könnte jedoch das Futter für die Heringe knapp werden.

3.4 Nährstoffregeneration

Die Bereitstellung von Pflanzennährstoffen, insbesondere Ammonium-N und anorganisches Phosphat-P ist wichtig für die Photosyntheseleistungen der sommerlichen Primärproduzenten. Wie in Kapitel 1 dargestellt wurde, folgt der Frühjahrsblüte eine lange Phase geringer Nährstoffkonzentrationen im freien Wasser der Bucht. Zwar setzt in tieferen Wasserschichten bereits eine Freisetzung der wichtigsten Komponenten aus dem Sediment ein, die dadurch erhöhten Nährstoffkonzentrationen bleiben jedoch auf die untersten Wasserschichten beschränkt, da turbulente Umwälzungen in der Wassersäule fehlen und in der Regel eine kräftige Dichtesprungschicht die oberen und unteren Wassermassen trennt (siehe Abb. 1 und Tab.1).

In dieser Situation kommt der Exkretion der heterotrophen Komponenten des Planktonsystems eine besondere Rolle zu. Schneider (1989 a) hat daher versucht, unter Verwendung der eigenen Daten für *Aurelia aurita*, Messungen am Mesozooplankton von Weisse (1985) und Abschätzungen der Sedimentfreisetzung nach Pollehne (1986) die Rolle der unterschiedlichen Stickstoff- und Phosphorflüsse zu vergleichen.

Wie Abb. 29 zeigt, spielt in medusenreichen Jahren die Ohrenqualle eine bedeutsame Rolle bei der Bereitstellung pflanzenverfügbarer Nährstoffe. Die Gesamtsumme aller drei Komponenten liegt bei gerundet 3900 µmol $NH4 - N$ m^{-2} d^{-1}, wobei ein knappes Viertel durch die Quallen geleistet wird, während aus dem Sediment 46 % bereitgestellt werden.

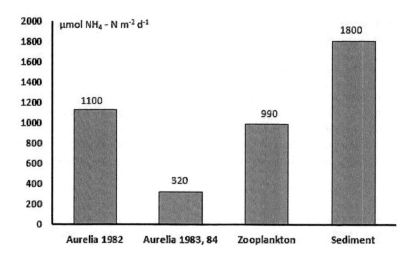

Abb. 29: Vergleich der Stickstoff-Freisetzung durch die Ohrenquallen, das (Meso-) Zooplankton und aus dem Sediment (nach Schneider 1989 a).

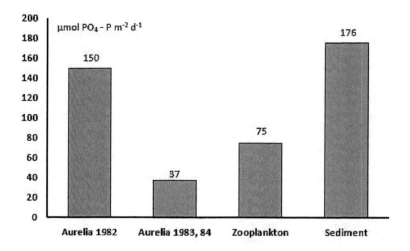

Abb. 30: Vergleich der Phosphor-Freisetzung durch die Ohrenquallen, das (Meso-) Zooplankton und aus dem Sediment (nach Schneider 1989 a).

Dabei dürfte die Rolle des Mesozooplanktons für die quallenreiche Situation überschätzt sein, denn die Untersuchungen von Weisse (1985) fanden in den Jahren 1983 und 1984 statt, also im „Quallenminimum". In medusenreichen Jahren wie 1982 dürfte daher die Rolle des Zooplanktons insgesamt deutlich geringer sein. Der Hauptregenerator des Meso-

und Makroplanktons ist dann *Aurelia aurita*. In quallenarmen Jahren steht aber die Ohrenqualle hinter dem Zooplankton deutlich zurück und spielt nur eine geringe Rolle.

Im Prinzip ähnliche Ergebnisse ergaben sich für die Phosphat-Exkretion (Abb. 30).

Insgesamt trägt die Ohrenqualle in abundanzstarken Jahren etwa 17 % zum Stickstoffbe-
dürfnis des Phytoplanktons bei und liefert einen höheren Beitrag als das Mesozooplankton, ist aber deutlich geringer als die Sedimentfreisetzung (Tab. 11). Bei Phosphor ist die
Regenrationsleistung mit 23 % der Primärproduktionserfordernisse noch deutlich höher
und liegt, bei Betrachtung der Fehlergrenzen, in einem gleichen oder ähnlichen Bereich
wie das Sediment.

Tab. 11: Beiträge der Aurelia aurita, des Mesozooplanktons und des Sediments zu den
Nährstoffbedürfnissen der pelagischen Primärproduzenten. Angenommene tägliche Primärproduktion 0,8 g C m^{-2} d^{-1} bei einem C:N:P – Verhältnis von 106:16:1.

Quelle	% N	% P
Aurelia, 1982	17	23
Aurelia, 1983, 84	5	6
Zooplankton	11	11
Sediment	27	26

Alle drei untersuchten Kompartimente decken etwa 40 – 50 % des Stickstoff- und 40 – 60
% des Phosphorbedarfes der pelagischen Primärproduzenten.

Dabei ist auffällig, dass die Regenerationsleistung der Ohrenquallen bezüglich des Phos-
phors deutlich über der des Stickstoffs liegt. Relativ gesehen scheiden die Quallen etwa 40
% mehr Phosphor als Stickstoff aus.

Gelatinöse Zooplankter stellen mit hoher Wahrscheinlichkeit „Phosphorpumpen" dar, ein
Gedanke der auf Patricia Kremer (Kremer 1977) zurück geht. Aufgrund diverser Analysen

zeigt sich, dass die Körper von Scyphomedusen, Hydromedusen, Ctenophoren, etc. insgesamt ärmer an Phosphor sind als die ihre Nahrung. Während nach einer Literaturauswertung (Schneider 1989 d) Copepoden ein N : P – Verhältnis von 19 : 0,77 oder 100 : 4,1 nach Atomen aufweisen, beträgt dieses Verhältnis bei Cnidariern und Ctenophoren nur 100 : 2,7. Daher nehmen sie mehr Phosphor auf als sie benötigen, nämlich nach diesen Zahlen etwa 50 %. Um nun eine Homöstase aufrecht erhalten zu können, wird der überschüssige Phosphor ausgeschieden, so dass die Exkrete besonders phosphorreich sind.

Für die Kiele Bucht waren die Zahlen ein wenig anders, da selbstverständlich immer die aktuellen Verhältnisse betrachtet werden müssen (Abb. 31). Erkennbar wird aber, dass auch in der Kieler Bucht die Phosphorpumpe abläuft und durch den Wegfraß von Zooplankton mehr von diesem Nährstoff freigesetzt wird als durch das Mesozooplankton.

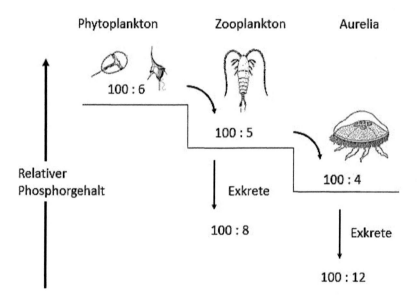

Abb. 31: Die Phosphorpumpen des Zooplanktons in der Kieler Bucht. Die Zusammensetzung des Phytoplanktons enthält mit N:P = 100 : 6 mehr Phosphor als die Copepoden mit 100 : 5, die daher an P angereicherte Exkrete von 100 : 8 aufweisen. Die Ohrenqualle (N : P = 100 : 4) nimmt jedoch mit ihrer Nahrung ebenfalls mehr Phosphor auf als ihrer Köperzusammensetzung entspricht, so dass sie besonders viel Phosphor mit den Exkreten abgibt. Nach Messungen von Weisse (1985), Schneider (1989 a, 1989 b und eigene unpubl. Werte). Für das Phytoplankton wurde die allgemein akzeptierte Redfield-Ratio angenommen (106 : 16 : 1, was für N:P umgerechnet 100 : 6) Werte gerundet.

Die Problematik dieser Modellvorstellung besteht jedoch darin, dass es für den angenommenen Prozess entscheidend ist, das sowohl N wie P zu gleichen Teilen assimiliert werden. In dieser Beziehung besteht allerdings kein allgemein akzeptierter Konsens unter den Forschern, denn es gibt Hinweise, dass die N-Assimilation geringer als für Phosphor ist. Dies würde aber bedeuten, dass die N-Exkretion reduziert ist, um dieses lebenswichtige Element im Körper zu halten. Insbesondere die Analyse von Pitt et al. (2013) lässt die Phosphorpumpe in anderem Licht erscheinen (siehe Kap. 4.3).

Letztendlich spielt dies aber keine Rolle, denn die unabhängigen Exkretionsmessungen ergeben eine erhöhte Regenerationsleistung für Phosphor als für Stickstoff.

Dem sind aber noch einige Gedanken anzufügen. Die hier vorgestellten Ergebnisse implizieren, dass die Ohrenqualle in Spitzenjahren innerhalb der Wassersäule der wichtigste Regenerator von Nährstoffen ist. Die Zooplanktonmessungen von Weisse (1985) fanden wie gesagt 1983 und 1984 statt, also Jahren mit nur einem geringen Quallenaufkommen. Beide Organismengruppen zusammen setzten dabei 1300 µmol $NH_4 - N$ m^{-2} d^{-1} frei.

Wenn wir annehmen, dass 1982 das Zooplankton in ähnlicher Weise reduziert war, wie dies sich aus Abb. 20 und 22 ergibt, nämlich auf rund 1/5, so hätte das Zooplankton 1982 nur rund 200 µmol $NH_4 - N$ m^{-2} d^{-1} exkretiert und beide Komponenten zusammen kämen wieder auf rund 1300 µmol $NH_4 - N$ m^{-2} d^{-1}. Dieser Gedanke einer ± konstanten Regenerationsleistung ist bestechend, aber Abb. 22 mahnt zur Vorsicht.

Innerhalb der Untersuchungsperiode 1990 – 1995 wurde deutlich, dass mit hohen Medusenaufkommen die Gesamtbiomasse des Mesozooplanktons + *Aurelia* sinkt. Es ist durchaus nicht von einer zwischen den Jahren mehr oder weniger konstanten Biomasse auszugehen, in dem die Ohrenqualle nur jeweils einen höheren oder niedrigeren Prozentsatz innerhalb dieser Summe ausmacht.

In der quallenärmsten Situation wurden 150 g C 1000 m^{-3} an Gesamtzooplankton ermittelt, in der quallenreichsten aber nur 60 g C 1000 m^{-3}. Nehmen wir das C:N – Verhältnis grosso modo und nur als grobe Daumenpeilung zu verstehen mit 4,0 an, so entspricht dies 38 und 15 g N 1000 m^{-3}. Nehmen wir für beide Komponenten einen Stickstoffturnover von 5 % an, so exkretieren beide Gruppen gemeinsam gerundet 3000 bzw. 1100 µmol $NH_4 - N$ m^{-2} d^{-1}.

Der letzte Wert stimmt erstaunlich gut mit der Situation 1982 überein, 1983 und 1984, also in den quallenarmen Jahren, sollte jedoch die Regenration an Stickstoff, insbesondere durch das Mesozooplankton, deutlich höher liegen.

Diese Diskrepanz muss so stehen gelassen werden. Es sollte aber bedacht werden, dass mit dem Aufbau der *Aurelia*biomasse im Frühjahr hohe Stickstoff- und Phosphatmengen in den Medusenkörpern gebunden werden und für einige Monate dem Nährstoffzyklus entzogen sind, da es keine wesentliche biologische Mortalität gibt. Es könnte daher sein, dass die Gesamtregeneration an Nährstoffen in medusenreichen Jahren niedriger als in quallenarmen Jahren ist und das Phytoplankton ggf. von einem verminderten Grazing-druck, nicht aber von einer besonders hohen Regeneration an Nährstoffen profitiert.

3.5 Die Bedeutung von Patches

Es ist eine allgemein bekannte Tatsache, dass Plankton nicht gleichmäßig im Meer verteilt vorkommt, sondern in Konzentrationswolken mit dem Fachterminus „Patches". Das gilt für die Ohrenqualle genauso wie für Copepoden oder Phytoplankter, allerdings sind Quallen-patches naheliegenderweise viel auffälliger.

Die Rolle dieser Quallenpatches im Pelagial der Kieler Bucht ist insgesamt nur ungenügend erforscht, da entweder die Massenansammlungen in einem großvolumigen Netzzug „ver-schwinden", oder aber Untersuchungen, Bestandsabschätzungen, physiologische Leis-tungsdaten etc. statistisch in Mittelwerten oder durch andere Verfahren „geglättet" wer-den. Lediglich die hohen Streumaße lassen die Ungleichverteilung erahnen.

Bisher wurden auch hier die Daten in der Regel „im Mittel" angegeben und auf ein nicht weiter differenziertes, allgemeines Wasservolumen von 100 oder 1000 m^3 angegeben. Es ist daher ein gutes Korrektiv, nachfolgend Daten zu präsentieren, die aus zufällig oder ge-zielt befischten Patches stammen. Insgesamt wurden 12 Ansammlungen erfasst (siehe Schneider 1993), deren Daten vom Autor selbst (6 Stück), H. Möller (3 Patches) oder G. Behrends (1 Patch) erhoben wurden. Drei dieser Ansammlungen bestehen aus 27 – 77 Tie-ren pro 100 m^3 Wasser, die Quallen sind aber mit 27 – 98 g sehr klein, weshalb diese Pat-ches nachfolgend nicht betrachtet werden. Anhand der vorher genannten Beziehungen wurden dann die Biomassen, Nahrungserfordernisse und Exkretionsleistungen errechnet. Die Ergebnisse finden sich in Abb. 32 A – D.

Wie aus den Abbildungen zu entnehmen und auch nicht anders zu erwarten ist, ist die ökologische Wirkung dieser Ansammlungen sehr ausgeprägt, wobei der Nahrungsbedarf weit höhere Anforderungen an die Produktionskraft des Pelagials stellt als allgemein ab-geschätzt. Der theoretische Wegfraß in den Patches Nr. 7 und 10 übertrifft die Werte der Sekundärproduktion sehr deutlich. Rein theoretisch müsste nach Auflösung der Patches an den betreffenden Stellen kein Zooplankton mehr angetroffen werden. Das ist natürlich nicht realistisch, zeigt aber, dass auf kleinskaliger Ebene ein erheblicher Fressdruck mit entsprechenden Bestandseinbrüchen des Zooplanktons vorkommt, die letztendlich sich in der z. T. hohen Variabilität der Abb. 20 und 21 widerspiegeln.

In ähnlicher Weise sind auch die Leistungen zur Nährstoffregeneration ungleich verteilt, sodass allgemeine Aussagen immer mit Vorsicht betrachtet werden müssen. Hier und dort profitiert das Pflanzenplankton enorm von den Medusen, an anderen Stellen stehen sie aber als Regeneratoren nicht in besonderem Maße zur Verfügung.

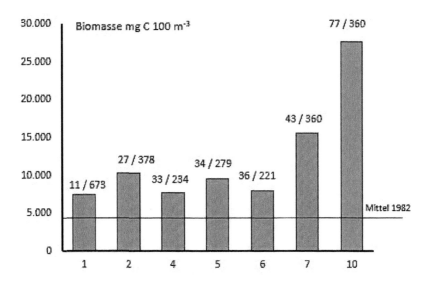

Abb. 32 A: Darstellung der Biomasse der *Aurelia aurita* – Medusen in den betrachteten Patches 1 – 10. Die horizontale Linie verdeutlicht die im Beobachtungszeitraum höchste gemittelte Biomasse aus dem „Spitzenjahr" 1982. Die Werte über den Säulen stellen die Anzahl (n 100 m^{-3}) und nach dem Strich das mittlere Gewicht der Medusen im Patch dar (mg C ind^{-1}).

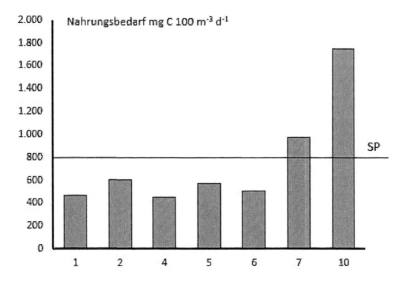

Abb. 32 B: Über die Respiration errechneter Nahrungsbedarf der Medusen in den betrachteten Patches. Die horizontale Linie verdeutlich die abgeschätzte tägliche Sekundärproduktion (SP) des Zooplanktons.

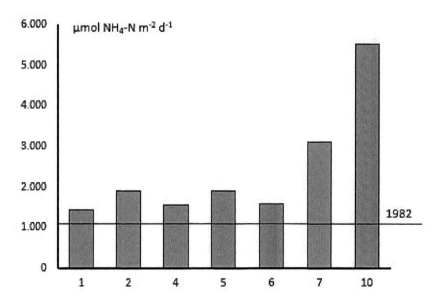

Abb. 32 C: Darstellung der Stickstoff-Regeneration der Medusen in den Patches im Vergleich zu dem maximalen gemittelten Ergebnis 1982. Der Bedarf des Phytoplanktons liegt bei 10.000 μmol m^{-2} d^{-1}.

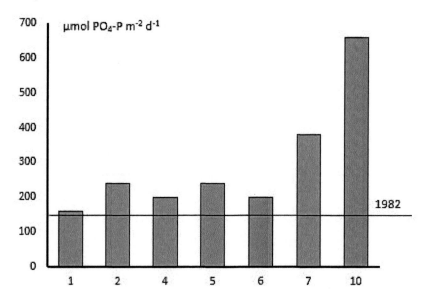

Abb. 33 D: Darstellung der Regenrationsleistung an anorganischen Phosphat-P in den Patches im Vergleich zu dem maximalen Wert 1982. Der Bedarf des Phytoplanktons liegt bei 630 μmol m^{-2} d^{-1}.

Ungeklärt ist bisher, ob diese Patches aktiv entstehen, etwa zur Fortpflanzung bzw. Befruchtung, oder ob die Medusen passiv durch Strömungen, Wirbel etc. zusammengetrieben werden. Auch eine Kombination wäre denkbar.

Quallen vermögen darüber hinaus auch horizontale Wanderungen zu unternehmen. Das bekannteste Beispiel ist die tägliche Wanderung der Medusen im Quallensee des Palau-Atolls (siehe z. B. Heeger 1998), aber auch die bereits erwähnten sonnenkompassgesteuerten Wanderungen der Ohrenquallen im Saanich Inlet (Hamner et al. 1994). Hinzu kommt, dass Medusen offensichtlich über Mechanismen verfügen, sich in bestimmten Wirbelstrukturen aktiv zu halten und damit auch eine einmal gebildete Clusterstruktur aktiv aufrecht zu halten (z. B. Larson 1992).

Ungleichverteilungen durch hydrografische Parameter sind z. B. von Möller (1982) oder Baumann (2010) berichtet, wobei küstennahe Massenansammlungen u.a. durch Auftriebserscheinungen hervorgerufen werden. Dies kann aber nur eintreffen, wenn die Quallen sich in der Tiefe konzentrieren. Vertikale Ungleichverteilungen wurden bei Tauchgängen im Zusammenhang mit Arbeiten des damaligen Sonderforschungsbereich 95 (dem wir einen großen Teil der Erkenntnisse des Kapitels 1 verdanken) häufig (mit)beobachtet, wobei „Bänder" hoher Quallendichten sowohl an der Oberfläche als auch am Boden oder in mittleren Tiefen gefunden wurden. Es gab aber auch Tauchgänge, bei denen die Medusen mehr oder weniger gleich verteilt erschienen.

Ein Grund hierfür könnten auch Vertikalmigrationen sein, wie sie z. B. Möller (1982) für die Hohwachter Bucht aufgezeichnet hat (Abb. 34), wobei nicht etwa eine Tag-Nacht-, sondern eine 12 h – Rhythmik angetroffen wurde.

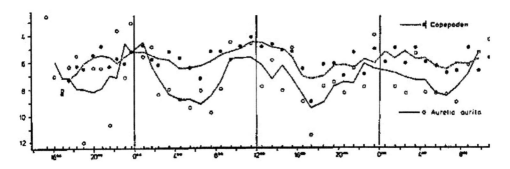

Abb. 34: Aufzeichnung einer Vertikalwanderung von Copepoden (oben) und Ohrenquallen (unten) in der Hohwachter Bucht zwischen dem 8. 10. 1979, 16 Uhr und 10.10. 1979, 11 Uhr. Aus Möller (1982).

Leider sind wir für die Kieler Bucht nicht in der Lage, zu entscheiden, welche Anteile an einem Patch zufallsbedingte Zusammenschwemmungen, das Ergebnis gerichteter Wasserbewegungen und / oder aktiver Ansammlung sind.

Fest steht jedoch, dass die ökologischen Einwirkungen der Medusen viel stärker mosaikartig zu visualisieren sind und von einer höheren zeitlich wie räumlich geprägten Dynamik gekennzeichnet sind, die wir mit unseren „Standardwerten" nur unzureichend erfassen. Dies wäre eine dankbare Aufgabe für solche Kolleginnen und Kollegen, die über das mathematische Rüstzeug verfügen, solche Vorgänge zu modellieren und in computergestützten Simulationen die Einwirkungen entsprechender Paramater zu studieren.

3.6 *Aurelia aurita*: Schlüsselart im Pelagial

Dank der drei geschilderten Forschungsperioden und den vielfältigen erzielten Ergebnissen, haben wir mittlerweile ein sehr gutes, wenn natürlich auch kein vollständiges Verständnis der durch *Aurelia aurita* gesteuerten Prozesse. Die wichtigsten Ergebnisse sind in Abb. 35 dargestellt.

Dabei sind die einzelnen Veränderungen als durch die Quallendichte regulierte Vorgänge zu verstehen. Mit dem Ansteigen der Biomasse innerhalb eines Jahres (etwa über die Wachstumsperiode), vor allem aber zwischen unterschiedlichen Jahren, steigt der Nahrungsbedarf der Medusenpopulationen enorm an. Unterschiede in der Abundanz können fast den Faktor 100 betragen und die aufgebauten Biomassen um bis Faktor 25 schwanken. In ähnlicher Dimension verändert sich auch der Wegfraß und somit die Clearance durch die Medusen. Bei hohen Quallenbeständen muss dann von einer Nahrungslimitation ausgegangen werden.

Entsprechend der hohen Clearance sinken die Bestände des Zooplanktons dramatisch bis auf ggf. 1 / 5 der Ausgangswerte. Innerhalb der Kieler Bucht konzentrieren sich bis zu 50 % der gemeinsamen Biomasse aus Mesozooplankton und Medusen in den Quallen. Medusenbiomasse und Mesozooplanktonbiomasse können also in etwa in einem Verhältnis von 1 : 1 auftreten. Dies aber nur in besonders quallenreichen Jahren, in mittleren Situationen wird ein Verhältnis von 1:2 realistischer sein.

Die Reduktion des Zooplanktons wird möglicherweise auch Auswirkungen auf die Ernährungslage und ggf. die Mortalität und Fruchtbarkeit planktivorer Fische, also bei uns vor allem des Herings, haben. Ein solider Nachweis und die dazu gehörende Effektabschätzung steht aber noch aus. Es darf aber nach den Erhebungen von Möller trotz aller Probleme und Widersprüchlichkeiten davon ausgegangen werden, dass mit zunehmender Quallendichte eine starke Mortalität unter den Heringslarven stattfindet. Ob diese aber auch die Adultbestände nachhaltig beeinflusst, ist offen.

Durch die hohe Clearance der Medusen im Zooplankton wird der Grazingdruck auf das Phytoplankton und insbesondere wohl auf die Fraktionen des kleinen Mikro-, sowie des Nanoplanktons reduziert, die damit höhere Bestände aufbauen können. Dies dürfte in erster Linie die Folge der Reduktion von solchen Copepoden sein, die besonders auf kleinere Größenklassen spezialisiert sind.

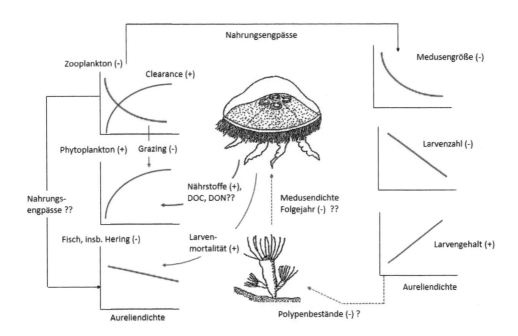

Abb. 35: Zusammenfassung der wichtigsten von *Aurelia aurita* ausgelösten dichteregulierten Prozesse im Pelagial der Kieler Bucht. Die linke Seite visualisiert die Einwirkungen auf die Kompartimente im Pelagial, die rechte Seite die Rückwirkungen auf die eigene Biologie. Zunahmen sind blau, Abnahmen rot dargestellt. Die Form der jeweiligen Kurven ist symbolisch und nicht notwendigerweise mathematisch korrekt,

Es könnte aber auch sein, dass die Ausweitung der Kleinstplanktonbestände nicht durch eine Grazingreduktion erfolgt, sondern z. B. das Ergebnis einer verstärkten Aktivität im Bereich des „Microbial Loop" ist, bedingt durch die steigende Abgabe gelöster organischer Substanzen (DOC, DON u.a.) mit zunehmender Quallendichte. Die Grazinghypothese basiert auf Korrelationen, nicht auf kausalanalytischen Experimenten, stellt aber die zunächst plausibelste Erklärung mit den wenigsten Annahmen dar.

Die Freisetzung von Nährstoffen, die Bereitstellung sog. „regenerierte" Nährstoffe, wird wesentlich durch die Medusen geleistet, dass Mesozooplankton tritt dahinter zurück, insgesamt gesehen bleibt aber die Freisetzung aus dem Sediment die wichtigste Nährstoffquelle. Allerdings ist gerade in der geschichteten Sommersituation die Medusenregeneration in den oberen 10 m sicher von besonderer Bedeutung.

Die Medusen nutzen die Ressourcen in „Blütenjahren" voll aus, was nicht ohne Rückwirkungen auf die Quallen selbst möglich ist.

Bedingt durch den hohen Fressdruck und die Verarmung der Nahrungsressourcen wachsen die Medusen nicht bis zu ihrer wahrscheinlich genetisch festgelegten maximalen Endgröße von 30 bis maximal 40 cm aus, sondern das Wachstum stoppt etwa bei 25 cm Durchmesser, so dass in quallenreichen Jahren die Medusen nur etwa halb so viel wiegen wie in Jahren mit geringen Beständen.

Infolge des Nahrungsmangels bzw. der Nahrungsengpässe (es gibt keine Hinweise auf eine durch Hunger vergrößerte Mortalität in den Spitzenjahren) kommt es zu einer Anpassung des Fortpflanzungsverhalten insofern, dass nur eine geringe Zahl an Larven produziert wird, die jedoch besonders gehaltvoll und doppelt so schwer sind wie in bestandsarmen Jahren. Dadurch wird mit hoher Wahrscheinlichkeit das Überleben der Polypen in einer an Zooplankton verarmten Umwelt für einen längeren Zeitraum gesichert.

Das könnte als Anpassung der Medusen an das durch sie selbst verursachtes geringe Nahrungsangebot für die jungen Polypen verstanden werden, denn in bestandsarmen Jahren ohne starke Zooplanktoneinbrüche werden sehr viele Larven mit jeweils nur geringem organischem Gehalt produziert. Die Sicherung der Bestände wird durch ein „Massensähen" erreicht. Locker formuliert gilt bezüglich der Larven in Blütenjahren „Klasse statt Masse" in bestandsarmen Jahren jedoch das Gegenteil. Beide Formen sind in der Tierwelt gut dokumentiert und nachgewiesen.

Ob nun der geringe Larvenfall in den bestandstarken Jahren auch mit einer geringeren Polypendichte einhergeht und ob dadurch eine geringere Medusendichte im nächsten Jahr die Folge ist, ist mit vielen Fragezeichen zu versehen und letztendlich als ungeklärt zu betrachten.

Damit stellen die Ohrenquallen eine Schlüsselart, einen „Key predator" in Pelagial der Kieler Bucht dar, die die trophischen Beziehungen massiv beeinflusst. Dies gilt auch für die Kohlenstoffbilanzen (Abb. 36).

Die Nahrungsingestion belief sich im sehr quallenreichen Jahr 1982 auf 36 g C 100m^{-3} Saison^{-1}. Davon wurden etwa 5 g C 100m^{-3} Saison^{-1} für drei bis vier Monate in den Quallenkörpern festgelegt und damit letztendlich dem pelagialen Stoffumsatz entzogen. Etwa 1 g C 100m^{-3} Saison^{-1} wurden durch die Larven an das Pelagial zurückgegeben und standen damit als Nahrungsquelle zur Verfügung, z. B. für Copepoden, Fischlarven, aber auch in Bodennähe für z. B. Anthozoen oder auch – last but not least - für Polypen der Ohrenqualle (die Syphistomae nehmen die Planulae sehr gerne auf).

Der weitaus größte Teil, nämlich rund 1/3 der dem Pelagial entzogenen Nahrung wird über Faeces und nach Absterben der Medusen als tote Biomasse dem Sediment zugeführt. Die Faeces sicher als diffus gestreuter „Schnee" über die ganze Quallenperiode, die toten oder absterbenden Körper aber als sehr konkrete, räumlich begrenzte Einträge. Eine Meduse, die flach auf dem Sediment zu liegen kommt, bedeutet theoretisch einen Eintrag von 500 mg C, 130 mg N, und 15 mg P auf etwa 0,05 m²!

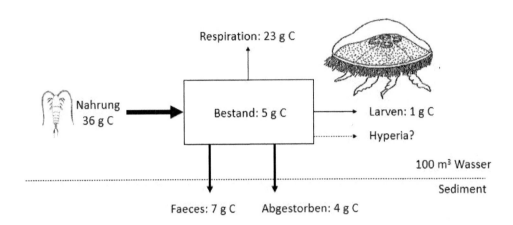

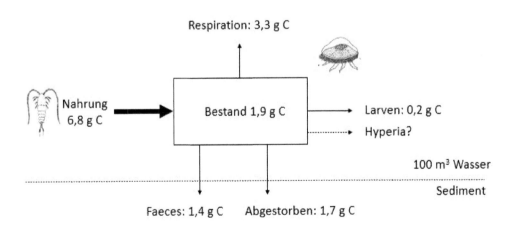

Abb. 36: Zusammenfassung der Kohlenstoffbilanzen für *Aurelia aurita* in bestandsstarken (Beispiel 1982, oben) und bestandsarmen Jahren (Beispiel 1983, unten). Werte gerundet.

Unklar bleibt weiterhin die Bedeutung von *Hyperia galba*, der in dem letzten Lebensmonat der Quallen in hohen Zahlen auftritt und dabei wahrscheinlich nicht geringe Kohlenstoff-mengen auf sich vereinigen kann. Nach oder kurz vor dem Tod der Medusen werden die Amphipoden frei und stellen eine wichtige Beute für Fische dar. Die Größe des C-Flux via *Hyperia* ist im Moment nicht bestimmbar.

Wie die zu Boden gesunkene Biomasse dann weiter umgesetzt wird, ob sie durch diverse Räuber / Aasfresser wie Krebse, Fische oder Polychaeten genutzt wird oder die Körper im wesentlich einer mikrobiellen Regeneration anheimfallen (oder beides zusammen) ist offen. Bekannt ist jedoch, dass die Überreste der Populationen häufig in tieferen Rinnen oder Mulden zu finden sind, also mit hoher Wahrscheinlichkeit durch Strömungen seitlich verdriftet werden.

Unabhängig von dieser Frage wird aber deutlich, dass die Ohrenqualle in bestandsreichen Jahren eine besondere Rolle in der Plankton – Benthos – Kopplung aufweist und einen „Shunt" zwischen pelagialen und benthischen Nahrungsnetzen darstellt.

Selbstverständlich kommt es auch in bestandsarmen Jahren zu Plankton – Benthos – Kopplungen, da ja die Copepoden etc. ebenfalls z. B. fecal pellets in das Wasser entlassen, ein gewisser Anteil als Leichen sowie zusätzlich Aggregate von Primärproduzenten u.a. aus der Wassersäule heraussinken. Es kann auch nicht ausgeschlossen werden, dass sogar auf das Jahr bezogen die gleichen Massen aus der Wassersäule an die Bodengemeinschaften abgegeben werden, in medusenarmen Jahren jedoch als großflächiger, diffuser und den ganzen Sommer anhaltender Fluss, während in „Quallenjahren" der Hauptflux zeitlich und räumlich sehr konzentriert erfolgt.

Die Ohrenqualle stellt daher eine wichtige Schaltstelle des pelagischen Kohlenstoff-Flusses dar. Die veraltete Annahme, Quallen seien „tote" Endglieder der Nahrungskette ist nicht mehr mit modernen ökologischen Konzepten in Einklang zu bringen und nur aufrecht zu erhalten, wenn man als Ziel der Nahrungskette die (durch den Menschen abschöpfbaren) Fischbestände sieht.

3.7 Was noch zu tun wäre

Selbstverständlich bleiben Lücken in unserer Kenntnis der Rolle von Ohrenquallen im Pelagial der Kieler Bucht.

Die Frage ist, welche zusätzliche Untersuchungen Sinn machen und welcher Erkenntnisgewinn einen entsprechenden Aufwand lohnt. Sicher könnte man noch jahrelang die Planulaproduktion untersuchen, aber wahrscheinlich keine wesentlichen Neuerungen finden. Daher sind m. E. die vier nachfolgend genannten Punkte besonders geeignet, unsere Kenntnisse über die Biologie und ökologische Rolle der Ohrenquelle in der Kieler Bucht abzurunden.

1. Hyperia – Flux:

Wie eben bemerkt, kennen wir die Rolle von *Hyperia galba* in den Medusen und vor allem als Transferorganismen quallengebundener Biomasse an andere Mitglieder der pelagischen Gemeinschaft nicht. Der Amphipode ist ein solide gebautes Tier mit einem recht hohen Gewicht an organischer Masse. Nach Dittrich (1991) wiegt ein erwachsenes Tier im Schnitt etwa 8 mg Trockengewicht, was etwa 3 mg C pro Tier ausmacht und eine Respiration von vielleicht 80 µg C d^{-1} (Ikeda 1974 a) nach sich zieht. Sowohl der Aufbau der Biomasse als auch die Deckung der Stoffwechselbedürfnisse müssten dann allein aus dem Medusengewebe erfolgen, sofern nicht auch durch die Quallen gefangene Nahrung genutzt wird.

Dabei findet im Grunde ein Konzentrierungsprozess statt, wie Kapitel 4.4. deutlich werden wird. Beim Aufbau der Medusenbiomasse wird die hochenergetische organische Substanz z. B. der Copepoden in eine energetisch niedrige Biomasse umgewandelt. Copepoden weisen einen kalorischen Gehalt von ca. 20 kJ g dw^{-1}. Diese Biomasse wird durch *Aurelia aurita* in niedrigenergetische Biomasse mit rund 2,3 kJ g dw^{-1} umgewandelt. *Hyperia* macht es dann umgekehrt: von 2,3 auf rund 13 kJ g dw^{-1}.

Damit wird ein sicher nicht unbedeutender Anteil der Medusenbiomasse wieder in hochkalorische Form überführt und für andere Mitglieder des Nahrungsnetzes, wahrscheinlich fast ausschließlich Fische, „gerettet" bzw. an sie weitergegeben. Der Aufwand an Untersuchungen ist eher gering und stellt ein sicher interessantes Thema für eine Abschlussarbeit dar.

2. Mucus / Faeces – Flux zum Sediment

Ein auffälliges Merkmal meiner Inkubationsversuche – und andere Forscher berichten Ähnliches – war das Auftreten größerer Mengen an Schleimballen, die mehr oder weniger transparent und / oder bräunlich gefärbt waren. Dies war entweder faecales Material, abgegebener Schleim oder eine Mischung aus beidem. Im Schrifttum sind sie als „Mucus

Blobs" bekannt. Fowler (2011) quantifizierte den vertikalen Fluss dieser Partikel durch *A. aurita* auf bis 37 mg C m^{-3} d^{-1}, was einen erheblichen Wert darstellt.

Für die Kieler Bucht ist also damit zu rechnen, dass auch hier ein bedeutsamer Transfer zum Meeresboden stattfindet, der noch nicht erfasst ist. Dabei wäre es sicher auch sinnvoll, mikroskopisch zu prüfen, ob Organismen / Organismenreste in diesen „Blobs" mit vorhanden sind, diese also faecalen Ursprungs sind, oder ob zwei getrennte Phänomene zu betrachten sind.

Dies wäre insbesondere interessant, da offensichtlich die Assimilationseffizienz von *Aurelia aurita* besonders unter guten Nahrungsbedingungen sinkt (z. B. Møller & Riisgård, 2007), sodass die Faeces entsprechend angereichert ist und damit einen hohen Anteil organischer Materie dem Sediment zuführt. Andererseits ist bei der dann hohen Konzentration in dem faecalen Material auch zu erwarten, dass durch den starken Konzentrationsgradient zum umgebenden Seewasser ein effektives Herauslösen von DOC erfolgt.

Die Assimilationseffizienz – und dies sei hier allgemein angehängt – variiert innerhalb des Zooplanktons mit der Nahrungsverfügbarkeit. Jumars et al. (1989) fanden sie niedrig in Gebieten mit hoher Futterverfügbarkeit, während in oligotrophen und ultraoligotrophen Meeresregionen die Effizienz bis auf 96 % stieg. Dies ist energetisch sinnvoll, denn da das Herauslösen der Nährstoffe vereinfachend nach dem 1. Fick'schen Diffusionsgesetz durch Membranen erfolgt, gilt $D = P A (\Delta C / d)$ mit D = Diffusionsgeschwindigkeit, P = Permeabilitätskoeffizient, A = Fläche und $(\Delta C / d)$ ist der Konzentrationsgradient durch die Schichtdicke d. Mit fortschreitender Verdauung wird daher der Konzentrationsgradient fallen, was die Aufnahme der Nährstoffe verlangsamt. Es ist effektiver, durch immer neue Nahrungsorganismen den Konzentrationsgradienten möglichst hoch zu halten. Nur wenn wenig Nahrung vorhanden ist, ist es notwendig, über lange Verdauungszeiten auch noch das Letzte „herauszuquetschen". Gelatinöses Plankton kann es sich also leisten, bei hohem Angebot mit der Nahrung verschwenderisch umzugehen – zum Vorteil anderer ökologischer Kompartimente.

3. Abgabe organischer Substanzen

Die Rolle von DOC und DON im Stoffhaushalt der Meere ist schon seit vielen Jahren ein wichtiges Thema und rückt auch in den Fokus der Quallenforschung. Bereits vor 25 Jahren haben Hansson und Norrman (1995) die Abgabe an DOC durch *A. aurita* mit im Mittel 1,2 mg C ind^{-1} d^{-1} bestimmt und in etwa 7 % der assimilierten Nahrung als DOC – Abgabe quantifiziert. Hier ist immer noch eine echte Lücke für die Bilanzierung der Quallenauswirkungen in der Kieler Bucht vorhanden. Gelöst werden könnte dies in klassischer Weise über Inkubationsexperimente mit anschließender Anwendung auf bereits vorhanden Datensätze zu den C-Kompartimenten. Sicher sinnvoll ergänzend wäre es, zu prüfen und zu bestimmen, ob und wieviel DOC auch aus den Mucus-Blobs herausgelöst wird.

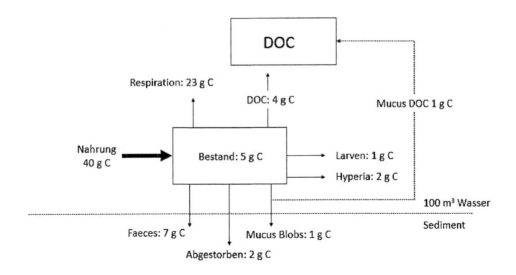

Abb. 37: Spekulative Skizze einer zukünftigen vollständigen C-Bilanz für *Aurelia aurita* – Populationen im Pelagial der Kieler Bucht. Achtung: Die gerundeten Zahlen sind nur fiktive Beispiele, beruhen aber auf den hier dargestellten Erhebungen ergänzt durch Schätzungen auf Basis der genannten Literaturangaben.

4. Verschränkung mit Kleinstplanktongemeinschaften

Waren die bisher genannten Anregungen eher kleinskalige Projekte, die in erster Linie dazu dienten, die Ohrenqualle als Speicher und „Verteilzentrum" organischer Substanz vollständiger zu erfassen (Abb. 37) als es bisher geschehen konnte, ist der nachfolgende Vorschlag deutlich zeit- und personalintensiver.

Wir haben in den letzten Jahren lernen dürfen, dass unsere Vorstellung von den „Nahrungsketten" bei weitem nicht ausreichend waren, dass vor allem in den Bereichen des Mikro-, Nano- und Picoplanktons eine hohe Dynamik herrscht, die mit den „klassischen" Akteuren im Plankton in Wechselbeziehung steht und die alle zusammen miteinander eine verschränkte Gemeinschaft bilden.

Insofern wäre zu prüfen, in welcher Weise *Aurelia aurita* auch die Mitglieder des „Microbial Loop" sowie Kleinstplankton allgemein beeinflusst und ggf. entsprechende Weichenstellungen bewirkt. In Kapitel 3.2 wurde von unseren Beobachtungen berichtet, dass insbesondere die kleinen Planktonfraktionen unter 15 μm auf die Quallendichte reagierte. Ist das nur ein einfacher Reaktionsmechanismus durch ausbleibendes Grazing auf diese Fraktion oder steckt dahinter vielleicht eine weit komplexere Reaktionskette? Für beides konnten wir keine wirklich entscheidenden Argumente beibringen.

Die „Grazinghypothese" ist letztendlich dem Modell einer einfachen Kausalkette nachgebildet. Aber unsere zunehmende Kenntnis gerade im Bereich der Kleinstplanktondynamik zeigt, dass diese Sichtweisen meist zu simplizistisch sind.

Es sollten daher geeignete Untersuchungen – etwa in Tanks oder Sackmesokosmen – durchgeführt werden. Dabei darf nicht einfach nur die Reaktion des Zoo- und Phytoplanktons, und letzteres über undifferenzierte „Gesamtparameter" (z. B. Chlorophyll a), beobachtet werden, sondern auch die Abgabe und Wege des DOC und DON, die mikrobielle Reaktion, die Verschränkung zwischen Flagellaten, Bakterien, DOC etc.

Die Untersuchung von Condon et al. (2011) deutet an, dass Massenvorkommen gelatinösen Planktons (in diesem Falle *Chrysaora* und *Mnemiopsis*) die Transferwege organischer Masse deutlich beeinflussen. Das DOC aus den Quallen wurde dabei fünf bis sechs Mal schneller als aus der Bulkfraktion von den Bakterien aufgenommen, dann direkt respiriert und führte zu einem Rückgang der Wachstumseffizienz bei den Bakterien um 10 – 15 %. Die Folge war eine erhöhte CO_2 – Abgabe an die Atmosphäre und ein verändertes Wirkungsgefüge innerhalb des Microbial Loop. Die genannten Autoren sprechen daher auch von dem „Jelly Carbon Shunt". Im Zuge solcher bzw. ähnlicher Untersuchungen zur Rolle der Ohrenqualle dürfte auch klar werden, über welche Stellglieder die Phytoplanktongemeinschaften in der nährstofflimitierten Sommersituation der Kieler Bucht strukturiert werden.

Es ist also nicht auszuschließen, dass *Aurelia aurita* durchaus kein Studienobjekt von Fischereibiologen und Planktologen „alter Schule" bleiben wird, sondern auch Klimaforschern noch einiges zu sagen hat.

4. Gelatinöse Lebenswelten

Aurelia aurita ist als Scyphomeduse ein Vertreter des gelatinösen Planktons und damit Mitglied einer Entwicklungslinie, die bis an die kambrische Explosion zurückreicht. Bereits in den Burgess Schiefern finden sich einige Medusen, vor allem aber Ctenophoren mit (noch) 24 Rippenreihen. Die Qingjiang Funde in China (Fu et al. 2019), die Fossilien der Marjum Formation (Cartwright et al. 2007) aber auch an anderen Orten, haben dagegen deutlich gemacht, dass typische Medusen – egal welcher systematischen Stellung sie jetzt genau angehörten – ebenfalls häufig vertreten waren und somit seit über 500 Millionen Jahre durch die Meere treiben. Abb. 5 in Jarms & Morandini (2019) illustriert, dass es äußerlich so große Ähnlichkeiten zwischen rezenten und fossilen Medusen gibt, dass man meint, die gleichen Arten vor sich zu haben.

Auch der Lebensstil scheint gleich gewesen zu sein, denn wahrscheinlich sind uns aus dem Kambrium bereits Strandungssituation von Medusen überliefert, die ähnlichen heutigen Vorkommnissen bis aufs Haar zu gleichen scheinen (Hagadorn et al. 2002, Sappenfield et al. 2017, siehe dazu auch die höchst beeindruckende Abbildung in Condon et al. 2012, aber auch Hagadorn et al. 2002). Quallen haben eine lange und so gesehen höchst erfolgreiche Entwicklungslinie hinter sich und haben – wahrscheinlich schon damals – die für sie perfekte Anpassung gefunden.

Gelatinöse Tiere sind aber nicht auf die Cnidarier beschränkt, denn unabhängig davon sind, wie bereits erwähnt, auch die Ctenophoren gelatinös und es ist nicht auszuschließen, aber auch nicht zu fordern, dass mögliche gemeinsame Vorgänger auch bereits gelatinös waren. Sicher völlig unabhängig davon, weisen die Salpen und Doliliden eine gelatinöse Organisation auf und dazu kommen – wie später näher dargestellt wird – eine Reihe von Crustaceen. Gelatinöse Organisation ist also konvergent mehrmals in verschiedenen Tierstämmen entwickelt worden. Wohl, weil es sich lohnt.

Wenn also die gelatinöse Organisation offensichtlich sehr erfolgreich war, ist es Wert, an dieser Stelle kurz darüber nachzudenken, welche Hauptanpassungen oder allgemeine Prinzipien durch die gelatinöse Organisation entstehen. Damit soll in einem erweiterten Blick unsere Ohrenqualle in einen breiteren Kontext gestellt und so ein tieferes Verständnis ihrer Biologie ermöglicht werden.

4.1 Gelatinöse Organisation

Plankton bzw. Zooplankton wurde in seiner nahezu unübersehbaren Vielfalt schon immer in praktische Kategorien unterteilt, z. B. nach der Größe (Mikro-, Meso-, Makrozooplankton) oder systematischen Zugehörigkeiten (Crustaceen-, Ichthyoplankton usw.). Die hier relevante Einteilung erfolgt nach der Körperzusammensetzung, wobei drei Kategorien unterschieden werden (siehe auch Abb. 37):

1. Das **Nicht – gelatinöse Plankton**: Es ist gekennzeichnet durch einen Wasseranteil zwischen 75 und 85 % sowie einem Kohlenstoffgehalt von 35 – 45 % in der Trockenmasse. Dazu gehören praktisch alle Crustaceen sowie Fischlarven und wenige andere.

2. Das **Semi-gelatinöse Plankton**, mit 85 – 95 % Wasser und um 30 % C im Trockenmaterial. Diese Kategorie wird fast ausschließlich durch die pelagischen Mollusken, also Ptero- und Heteropoden sowie vielleicht durch die Chaetognathen vertreten.

3. Das **Gelatinöse Plankton** mit den Scypho- und Hydromedusen, Siphonophoren, Ctenophoren und Salpen enthält zwischen 95 und 98 % Wasser, während der Kohlenstoffanteil nur ca. 3 – 13 % der Trockenmasse ausmacht.

In Bezug auf trophische Beziehungen ergeben sich dadurch zwei große Gruppen: Die hochkalorischen Nicht-Gelatinösen mit Kaloriengehalten um 20 KJ g dw^{-1} und das gelatinöse Plankton mit ca. 2 KJ g dw^{-1}. Ein Räuber, der einen bestimmten minimalen Kalorienbedarf hat, muss also etwa die 10-fache Ration an Quallen finden und fressen können, um ggf. wenige kleine Copepoden zu ersetzen.

Einige Gruppen entziehen sich der einfachen Analyse, etwa die Chaetognathen, die auch dem Nicht-gelatinösen Plankton zugerechnet werden könnten, sowie die Appedicularien, deren Körperzusammensetzung 57 % Kohlenstoff in der Trockenmasse aufweist. Die meist erfolgende Zuordnung zu dem gelatinösen Plankton basiert auf der Grundlage ihres sehr großen Schleimgehäuses, so dass nicht klar ist, wie eigentlich das Tier genau erfasst werden soll: Mit oder ohne Gehäuse?

Dennoch wird klar, dass es vornehmlich zwei große Gruppen im Plankton gibt, nämlich das nicht-gelatinöse und das gelatinöse Plankton als die großen Antipoden. Dazwischen liegt dann das semigelatinöse Plankton mit gewissen Zügen von beiden.

Es ist nach dem, was uns der fossile Bericht liefert, anzunehmen, dass zumindest die beiden großen Gruppen bereits im Kambrium ausgebildet wurden, seither durch die Meere schweben und die jeweiligen Vorteile, die aus diesen Organisationsformen entstehen genießen und optimieren. Was sind aber die Vorteile der uns im Kontext dieses Buches besonders interessierenden gelatinösen Organisation?

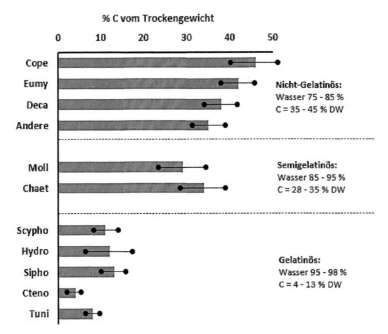

Abb. 37: Kohlenstoffgehalte der verschiedenen Zooplanktongruppen (% C v. DW) nach der Auswertung von 28 Literaturstellen mit Werten zu insgesamt 522 Arten und auf Basis von etwas über 1300 Messungen (nach Schneider 1989 d). Abkürzungen: Cope = Copepoden, Eumy = Euphausiden + Mysiden, Deca = Decapoden, Moll = Mollusken, Chaet = Chaetognathen, Scypho = Scyphomedusen, Hydro = Hydromedusen, Sipho = Siphonophoren, Cteno = Ctenophoren, Tuni = Tunicaten (ohne Appendicularien).

4.2 Konsequenzen: Größe, hoher Wassergehalt

Die erste und eine der bedeutendsten Konsequenzen ist die Größe der gelatinösen Organismen. Um es mal unwissenschaftlich, aber plakativ auszudrücken: Die gelatinösen Organismen können unter kleinster Aufwendung an organischer Materie große Tiere bauen.

Das wird aus Abb. 38 klar. Dort werden die Lebendgewichte (Nassgewicht) von Tieren verglichen, die alle nur 1 mg organischen Kohlenstoff enthalten, aber unterschiedliche Wassergehalte und C-Anteile in der Trockenmasse entsprechend Abb. 37 aufweisen.

Die nicht-gelatinösen Organismen weisen Gewichte um 10 mg auf, während eine Meduse mit 98 % Wasser und nur 5 % C in der Trockenmasse (ähnlich unserer *Aurelia*) bei etwa 1000 mg liegt. „Quallige" Organismen haben somit 20 bis 100fach größere Volumina als z. B. Crustaceen.

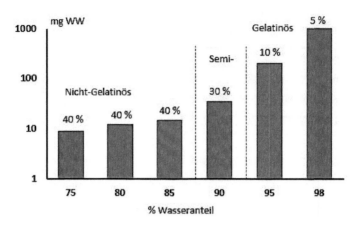

Abb. 38: Gewicht und damit Volumen (die Dichte kann hier mit 1 angenommen werden) von Planktonorganismen unterschiedlicher Wasser- und Kohlenstoffanteile (% C dw), aber mit jeweils 1 mg C in der organischen Substanz.

Deswegen gehören viele Vertreter dieser Gruppe zu den größten Wirbellosen im Ozean. *Cyanea* kann Durchmesser bis 2 m erreichen, *Chrysaora achlyos* hat kräftig „fleischige" Mundarme bis 8 m bei einem Schirmdurchmesser von einem Meter und die in chinesisch – japanischen Gewässern vorkommende *Nemopilema nomurai* bringt es auf satte 200 Kg Gewicht. Siphonophoren zeigen ebenfalls meterlange Anhänge und Körperstrukturen. Größer werden unter den Wirbellosen nur Cephalopoden.

Auf der anderen Seite finden sich im gelatinösen Plankton die zartesten und fragilsten Mehrzeller des Ozeans. Die Rippenquallen der Gattung *Ocyropsis* und *Bathocyroe* kommen vorwiegend in wärmeren Meeren vor und bestehen zu rund 99 % aus Wasser bei unter 1 % C in der Trockenmasse. Es sind wahrscheinlich die Tiere mit dem niedrigsten organischen Gehalt auf Erden. Lange Zeit waren diese Rippenquallen unbekannt, weil sie bei einem „normalen" Fang mit dem Planktonnetz vollständig zerstört werden und nur als schleimige Reste in den Proben die Copepoden und anderen Plankter verkleben.

Erst durch Tauchbeobachtungen sind diese beiden Formen in das Blickfeld der Wissenschaft gerückt. Ein Fang gelingt nur, wenn über die Rippenquallen vorsichtig eine Glasröhre geschoben wird. Und auch dann ist der Erfolg nicht sicher, denn selbst die geringe Druckwelle beim Aufsetzen der Gummistopfen an den Röhrenenden kann die Tiere zerreißen. Wahrscheinlich ist es gar nicht möglich, mit so niedrigen organischen Gehalten noch festere Strukturen aufzubauen. Ein amerikanischer Forscher hat diese Formen als „organisiertes Wasser" bezeichnet.

Über die Vorteile dieser z. T. enormen Körpergrößen sind zweierlei Aspekt zu diskutieren:

- Feindvermeidung: Medusen und andere gelatinöse Plankter sollen sich durch ihre Größe und ihren niedrigen kalorischen Gehalt vielen Fressfeinden entziehen können, da diese mit der Körpergröße ihrer potenziellen Opfer nicht zurechtkommen und sie auch keine attraktive Nahrung für hochkalorische Tiere darstellen.

- Das zweite Argument ist die gesteigerte Raumpräsenz. Unter der Annahme, dass Nahrung in Pelagial dispers verteilt ist und eher in geringen Konzentrationen auftritt, ist die Wahrscheinlichkeit einen Nahrungsorganismen zu fangen umso höher, je mehr Raum kontrolliert werden kann.

Das erste Argument ist sicher nicht von der Hand zu weisen, aber auch nicht durchgängig und stringent zu belegen.

So entziehen sich zwar große Organismen häufig dem Zugriff der Kleineren, geraten aber dadurch in den Fokus der noch größeren Jäger. Diverse Fische, Schildkröten, aber auch einige Krabben und Tintenfische fressen Quallen und dazu kommt, dass sie anderen Quallen zum Opfer fallen, sog. „intra-guild predation" (Titelman et al. 2007). Tab. 3-1 in Heeger (1998) listet alleine 13 Fischarten, 3 Reptilien- sowie 9 Vogelarten als Quallenräuber auf.

Der niedrige organische Gehalt der gelatinösen Plankter mag ggf. einige potenzielle Feinde davon abhalten, sich mit solch „dünnem" Nahrungsangebot zu befassen, aber der Vorteil für die größeren Jäger liegt darin, dass sie zwar viel Wasser mit aufnehmen müssen, dabei aber eine relativ große *absolute* Menge an organischer Substanz erhalten – und darauf kommt es letztendlich an. Eine 1 kg schwere Ohrenqualle enthält immerhin rund 1 g Kohlenstoff – so viel wie 250.000 „Standardcopepoden" der Kieler Bucht. Insofern ist es nicht verwunderlich, wenn *Cyanea capillata* in der Kieler Bucht regelmäßig *Aurelia* fängt und Fische durchaus keine gelatinösen Organismen verschmähen, wenn sich nichts Besseres bietet.

Da aber typischerweise die Dichte an Großorganismen im Meer sehr viel niedriger als an kleineren Tieren ist, dürfte die Größe schon den Vorteil haben, sich dadurch der zahlreichen kleineren Räuber zu entziehen. Die Wahrscheinlichkeit, zu überleben steigt.

Bedeutsamer und quantitativ besser zu erfassen als diese eher qualitativen Betrachtungen und Spekulationen ist die Beziehung zwischen Raumpräsenz und Beutefang, wobei schon intuitiv davon ausgegangen werden darf, dass ein mit Tentakeln fangender Plankter eine höhere Wahrscheinlichkeit hat, Beute zu machen, wenn er groß genug ist.

Nach Kiørboe (2008) kann das kontrollierte Wasservolumen (der „Encounter Rate Kernel") abgeschätzt werden über

$$\beta = \pi R^2 u.$$

Dabei ist β der Encounter Rate Kernel in $m^3 \ s^{-1}$, R = die Distanz, bis zu der der Räuber auf die Beute reagieren kann oder sie wahrnimmt und u ist die Bewegungsgeschwindigkeit in $m \ s^{-1}$ ist (je nach Größe der Organismen kann es durchaus sinnvoll sein, kleinere Einheiten, etwa cm oder mm, zu wählen).

Diese Gleichung gilt, wenn der Räuber sich bewegt, also schwimmt, passiv sinkt oder einen Wasserstrom bzw. Nahrungsstrom erzeugt. Bei vollkommener Ruhe mit u = 0 würde auch β = 0 gelten und es würde keine *dynamische* Raumkontrolle erfolgen. Dies wird aber in der Realität kaum vorkommen, da im Wasser still treibende Plankter immer sinken. Im Fall von an der Oberfläche treibenden Organismen wie der *Physalia* u.a. wird in der Regel Fortbewegung aufgrund der Windschubspannung an der Meeresoberfläche erfolgen oder – falls kein Wind ist – durch Wellen, Strömungen etc. Auch wenn β = 0 gilt, bedeutet dies jedoch nicht, dass keine Nahrung gefangen wird, denn in diesem Fall findet eine *statische* Raumkontrolle statt. Dabei ist die Fangfläche als passiv zu betrachten und der „Jagderfolg" hängt davon ab, welche und wie viele Organismen durch *deren* Eigenbewegung mit z. B. den eigenen Tentakeln in Kontakt kommen (also ähnlich einem Stellnetz).

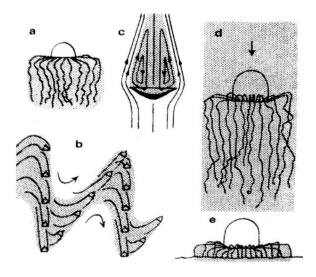

Abb. 39: Beispiele für Formen und Dimensionen des Encounter Rate Kernel bzw. des „Fangerwartungsraumes" am Beispiel von Hydromedusen (aus: Mills 1981).

a: Beispiel für eine bewegungslos im Wasser treibende Meduse.
b: Eine wechselndes Sink – Aufschwimmen - Verhalten erzeugt einen geschwungenen, unterschiedliche Wasserschichten befischenden Fangerwartungsraum.
c: Aktiv schwimmende Medusen erzeugen hydrodynamische Fangräume, die über die Medusendimension hinausreichen (s. a. weiter unten)
d: Eine bewegungslos durch die Wassersäule sinkende Meduse hat einen einfach zylinderförmigen Fangraum
e: Sonderfall für eine mit den Tentakeln am Boden heftende Meduse.

Die größenabhängige Variable ist R und beschreibt die Dimensionierung oder „Reichweite", mit der der Jäger seine Beute erkennen und darauf reagieren kann. Bei Tentakelfängern wäre dies die Länge der Tentakeln oder die Größe des Tentakelbündels. Dies hängt aber stark von der Art der Fangmethode, dem Schwimmverhalten etc. ab. Es ergibt sich nicht allein aus der numerischen Länge der Tentakeln. Dennoch steigt die Raumkontrolle mit dem Quadrat von R, so dass jede Erhöhung der Körperdimensionen ein deutlich gesteigertes Raumvolumen bedeutet.

Übrigens kann R z. B. bei optischen Räubern sehr viel größer sein als die eigentlichen Körperdimension. Ähnliches gilt auch für z. B. Schwingungen, die von einem schwimmenden Opfer ausgesandt werden, oder für chemische Signale die beide durch den Räuber wahrgenommen werden können und zu einer adäquaten Verhaltensantwort führen.

Für unsere Betrachtungen, die ja auf die Ohrenquelle fokussieren, spielt hier hauptsächlich der hydrodynamisch erweiterte Fangraum eine Rolle. In Bezug auf unsere *Aurelia aurita* ist nämlich zu beachten, dass der Fang beim Relaxationsschlag über die durch den Tentakelkranz geführten Wasserströme erfolgt. Dabei werden die Organismen gefangen, deren Eigengeschwindigkeit bzw. Fluchtgeschwindigkeit kleiner als die der Randströme ist.

Damit würde sich R über den Medusenkörper hinaus ausweiten und so weit in den Wasserkörper hinausreichen, bis die Stromgeschwindigkeit kleiner als die geringste Fluchtgeschwindigkeit des langsamsten Beuteorganismus ist (Abb. 40):

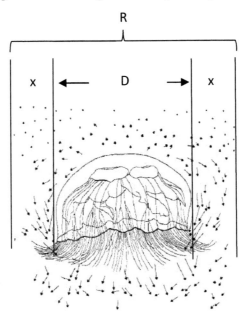

Abb. 40: Bei *Aurelia aurita* bestimmt sich R aus dem Durchmesser (D) der Meduse und der Breite der wirksamen Randströme x. Also R = D + 2x.

Abb. 41. zeigt weitere Beispiele für dynamisch erweiterte Fangerwartungsräume bei einigen Scyphomedusen. Wie erkennbar ist, wird beim Kraftschlag der Wasserstrom am Körper vorbei nach unten geleitet, was in erster Linie dem Rückstoßprinzip des Schwimmvorganges dient. Bei *Cyanea* passiert der Strom bereits jetzt die Tentakeln. Beim Relaxationsschlag werden die Wasserströme entweder unter die Glocke und damit in die Fangbereiche gesogen oder nach innen durch die Tentakeln geleitet. In allen Fällen gilt aber R = D + 2x.

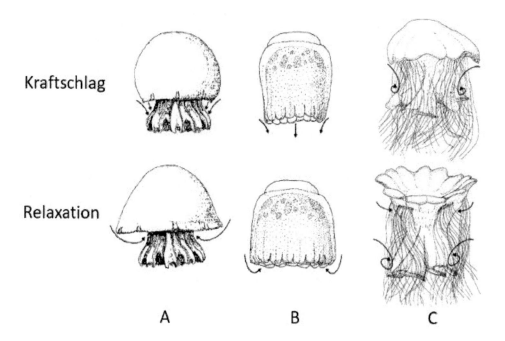

Abb. 41: Beispiele für hydrodynamische Erweiterung des Encounter Rate Kernels über die eigentlichen Körperdimension hinaus. A: *Stomolophus meleagris*, B. *Linuche unguiculata*, C: *Cyanea capillata* (aus: Costello & Colin 1995).

Da die Randstromgeschwindigkeit bei den Medusen – zumindest bei der Ohrenqualle – mit dem Schirmdurchmesser steigt, haben große Exemplare relativ gesehen deutlich erweiterte Encounter Rate Kernels als kleine Exemplare. Insofern kann das Wachstum der Quallen als positiv rückgekoppeltes System verstanden werden, wobei Wachstum sowohl R^2 als auch u vergrößert, was wiederrum mehr Nahrung bedeutet. Das führt zu weiterem Wachstum usw.

Wie aber unschwer zu erkennen ist – und ebenfalls die Hinweise auf optische, chemische oder taktile Reize nahe lagen – ist der genaue Wert von R im konkreten Fall schwer zu ermitteln und erfordert intensive Untersuchungen, die meist unterbleiben müssen.

Wichtig ist aber, sich die wesentlichen wachstumsbestimmenden Größen und die daraus entstehenden Konsequenzen vor Augen zu führen. Die grundsätzlichen funktionalen Zusammenhänge zwischen den wichtigsten Variablen beschreibt Abb. 42.

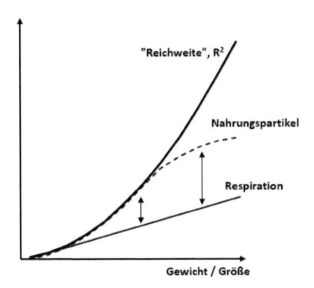

Abb. 42: Schematische Darstellung der Zusammenhänge zwischen Größe, Metabolismus, Encounter Rate Kernel (hier verkürzt auf R^2) und Nahrungsakquisition. Details siehe Text.

Mit zunehmender Größe der gelatinösen Plankter steigen sowohl der Metabolismus als auch die Raumkontrolle oder die „Reichweite" für mögliche Kontakte mit Nahrungspartikeln (R^2). Die Differenz zwischen Nahrungsgewinn und Verbrauch durch den Stoffwechsel darf mal als „Zugewinn" ansehen (Doppelpfeile), der in Wachstum und Reproduktion investiert werden kann, so dass die Größe weiter zunimmt. Dabei ist entscheidend, dass der Metabolismus, also sowohl die Respiration als auch die Exkretion, mit dem Gewicht mehr oder weniger linear ansteigen (siehe nächstes Kapitel), die „Reichweite" aber mit dem Quadrat der entscheidenden Längen (z. B. Durchmesser, Tentakellänge etc.).

Der Nahrungsgewinn verläuft dabei zunächst mehr oder parallel zu R^2, wird dann aber realistischerweise irgendwann abflachen und einem Grenzwert entgegenstreben. Dies liegt u. a. daran, dass z. B. die Räume zwischen den Tentakeln bei großen Individuen weiter auseinanderklaffen können, sodass Nahrungspartikel ungefangen hindurchschlüpfen können. Dazu kommt gelegentlich die Überlappung mit den Fangerwartungsräumen anderer Individuen und letztendlich auch, dass die Nahrungsdichte meist nicht so hoch ist, um den mathematisch möglichen Wert zu erfüllen. Irgendwann wird in der Regel der Fälle, eine Nahrungslimitation stattfinden wird.

Diese stoppt letztendlich das Wachstum (sofern es nicht zuvor eine genetisch fixierte Grenze erreicht hat) und damit auch das Anwachsen von R^2. Die Sommersituation 1982 für *Aurelia aurita* in der Kieler Bucht (siehe Abb. 8) ist dafür ein Beispiel.

Körpergröße ist also eine sinnvolle Investition, vor allem dann, wenn diese mit minimalem organischem Gehalt und niedrigem relativem Metabolismus erreicht werden kann. Quallen können dann durchaus die gleiche Rolle im Pelagial spielen wie die eigentlich viel effizienteren Fische (Acuña et al. 2011).

Sehr viel einfacher haben wir es mit der Frage, welche Vorteile der hohe Wassergehalt bringt. Dies lässt sich kurz zusammenfassen: Die Dichte der gelatinösen Plankter unterscheidet sich nur unwesentlich, von dem umgebenden Seewasser. Dementsprechend sind die Kraftaufwendungen, sich in der Wassersäule zu halten und sich darin schwimmend fortzubewegen bei nahezu austarierter Gravitation minimiert (siehe Abb. 43, 44).

Im Gleichgewichtsfalle gilt bekanntermaßen ja:

$$F_G = F_A = \rho \; V \; g,$$

mit: F_G = Gewichtskraft, F_A = Auftriebskraft, ρ = Dichte des Meerwassers, V = Volumen des Körpers, g = Gravitationskraft.

Da in der Regel alle Wasserorganismen eine höhere Dichte als das umgebende Meerwasser haben (ausgenommen z. B. solche mit Gasblasen wie *Physalia* und viele andere Siphonophoren) gilt jedoch:

$$FG = (\rho_K - \rho_M) \; V \; g,$$

wobei $(\rho_K - \rho_M)$, die Dichtedifferenz zwischen Körper K und Meerwasser M ist. Wie diese bekannte Gleichung zeigt, ist der Auftrieb und damit die Chance einen nahezu austarierten Zustand zu erreichen von der Dichtedifferenz und dem Volumen abhängig. Gelatinöse Organismen mit viel Wasser und erheblicher Größe sind im Vergleich zu anderen Planktonvertretern also deutlich im Vorteil und können eine Menge Energie einsparen, um sich in der Wassersäule zu halten.

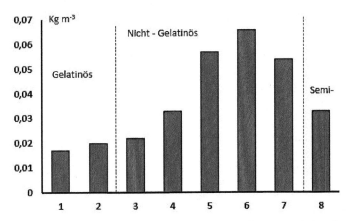

Abb. 43: Dichtedifferenz zwischen diversen Planktonorganismen und dem jeweils umgebenden Seewasser. Die Arten sind: 1 = *Aurelia aurita*, 2 = *Pleurobrachia pileus* (Ctenophora), 3 = *Calanus cristatus* (Copepoda), 4 = *Euchaeta norvegica* (Copepoda) mit 44 % Lipidanteil im dw, 5 = *Euchaeta norvegica* mit 27 % Lipidanteil im DW, 6 = *Chiridius armatus* (Copepoda), 7 = *Boreomysis arctica* (Mysidacea), 8 = *Eukrohnia hamata* (Chaetognatha). Beachte die Effekte der „Schwebestrategie" über hochkalorische Lipide bei den nicht-gelatinösen Copepoden (Nr. 4 + 5).

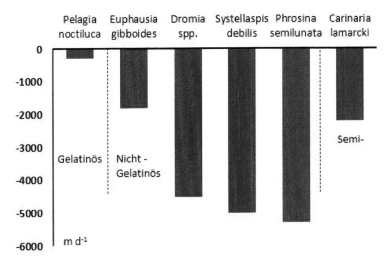

Abb. 44: Gemessene Sinkgeschwindigkeiten an betäubtem Zooplankton in md^{-1}. Beide Darstellungen nach Schneider (2003) und der darin angegebenen Literatur.

Für die Fortbewegung und die Energie, die darin zu investieren ist, sind die Hauptvariablen dagegen neben dem (Über)Gewicht vor allem der Wasserwiderstand und die Reibung. Da aber die Muskelmasse mit (nahezu) der 3. Potenz, die „reibende" Oberfläche aber nur mit der 2. Potenz steigt, sind große Tiere gegenüber kleineren Tieren gleicher Form im Vorteil, siehe (Abb. 45).

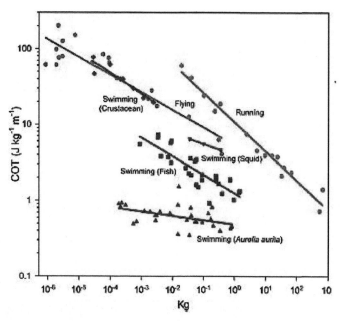

Abb. 45: Cost of Transport (COT, J kg^{-1} m^{-1}) in Abhängigkeit von Bewegungsarten und Organismentyp (aus: Gemell et al. 2013).

Abb. 45 zeigt die Aufwendungen, die für bestimmte Fortbewegungsmodi und durch verschiedene Organismentypen zu leisten sind. Auffallend ist die Abnahme mit dem Gewicht, die dem Unterschied zwischen kubischen Anstieg der Muskelmasse, aber dem nur quadratischen Anstieg der Reibungsoberfläche entspricht.

Gerade kleine Plankter wie schwimmende Crustaceen haben daher ein viel höheres COT als größere Arten und erfahren durch die Viskosität des Wassers eine größere Widerstandskraft als große Medusen. Innerhalb einer Bewegungsart oder einer Organismengruppe fällt COT zudem entsprechend den physikalischen Gesetzen mit der Masse ab. Dabei soll nicht verschwiegen werden, dass noch andere Faktoren eine Rolle spielen als lediglich die Masse und die Reibung, aber dennoch: Size matters.

Hydrodynamik als Energiesparmodus: Das Beispiel *Aurelia*

Nach Abb. 45 hat unsere Ohrenqualle einen sehr niedrigen COT, sodass *Aurelia* wahrscheinlich die effektivste Schwimmerin im Meer ist bzw. sein soll. Dies ist ein Beispiel, dass neben der Größe, der Oberfläche, der Form und dem organischen Anteil noch andere Variablen für die Energetik eine Rolle spielen, nämlich hydrodynamische Effekte.

Bekanntermaßen bewegt sich Aurelia durch rhythmische Kontraktionen vorwärts, so dass während des Kraftschlages die Hauptfortbewegung erfolgt. Der Relaxationsschlag dagegen ist rein theoretisch für die Fortbewegung nicht relevant. Allerdings werden während des Kraftschlages am Schirmrand Wirbel erzeugt, die anschließend beim Relaxationsschlag in die Subumbrellarhöhle „gesogen" werden und damit ebenfalls einen Wassertransport in die Unterseite der Meduse bewirken. Dies sieht grafisch vereinfacht so aus:

Randwirbel werden unter den Schirm gesogen…

….und bewirken, dass ein Wasserschub in die Subumbrellarhöhle dringt und die Medusen vorwärts treibt.

Das führt zu einem zweigipfeligen Kraftspektrum während des Bewegungsvorganges:

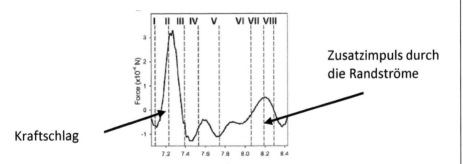

Zusatzimpuls durch die Randströme

Kraftschlag

Dadurch erhält die Meduse ohne jegliche Energieinvestition einen zusätzlichen Kraftimpuls, der sie vorwärts treibt. Dies demonstriert, mit welchen Effekten zu rechnen ist, die aber wahrscheinlich von Art zu Art verschieden sind und sich einer übergreifenden allgemeinen Darstellung entziehen. Nach: Gemell et al. 2013.

4.3 Metabolismus und Form

Gelatinöses Plankton ist im Vergleich zu anderen Gruppen des marinen Zooplanktons sehr groß. Das lässt auf einen niedrigen Stoffwechsel schließen, denn sowohl die Respiration als auch die Exkretion wachsen mit dem Tiergewicht nicht isometrisch, sondern allometrisch. Meist mit Exponenten zwischen 0,7 und 0,8 (isometrisch: $R = a\,W^1$, allometrisch: $R = b\,W^{0,7}$, R = Respiration, W = Körpergewicht, a, b = Konstanten)

Ikeda (1985) hat in seiner grundlegenden Arbeit diese allgemeine Beziehung auf für das Zooplankton bestätigt und nach Auswertung von Hunderten Datensätzen Exponenten zwischen 0,76 und 0,86 gefunden.

Daher wären die gewichtsspezifischen Raten großer gelatinöser Organismen als relativ niedrig zu erwarten. In der Tat scheinen die Auswertungen von Schneider (1990, 1992) diese Annahmen zu bestätigen (Abb. 46). So atmeten im Mittel der untersuchten Arten die gelatinösen Plankter mit einer Rate von 12 mg O_2 gdw^{-1} d^{-1}, die nicht-gelatinösen Organismen aber mit rund 100 mg O_2 gdw^{-1} d^{-1}, also mit einer fast 10-fach höheren Rate. Das passte in das Erwartungsbild.

Nicht in das Erwartungsbild passte jedoch der Befund nach Renormierung der Daten auf die Kohlenstoffbasis. Wird das Element C als der wesentliche Bestandteil der organischen Masse und als Biomasseparameter herangezogen, verschwimmen die Unterschiede zwischen den beiden Gruppen. Das gelatinöse Plankton zeigte Respirationswerte im Mittel von 195, das nicht-gelatinöse Plankton von 227 mg O_2 gC^{-1} d^{-1}.

Das bedeutet, es gibt keine signifikanten Unterschiede zwischen den gewichtsspezifischen Atmungswerten beider Gruppen bezogen auf die Kohlenstoffbasis. Die Regel der Allometrie scheint außer Kraft.

Der Grund ist einsichtig: Ein g Trockengewicht enthält im nicht-gelatinösen Plankton rund 40 % C, also etwa 80 % organische Substanz, in den qualligen Organismen jedoch nur 10 bzw. 20 %. Der Rest der Trockenmasse wird bei den gelatinösen Planktern durch sehr viel mehr Salze gebildet, da sie ja so einen hohen Wasseranteil haben. Dadurch werden auf der Trockengewichtsbasis unterschiedliche Gehalte an organischer Substanz miteinander verglichen – was zu fehlerhaften Schlussfolgerungen führte.

Also: physiologisch atmen beide Gruppen pro Einheit organischer Substanz mit gleicher Stärke. Wenn die gemessenen Raten pro Tier *gleichen Frisch- oder Nassgewichtes* bei den Quallen niedriger ist als bei Crustaceen, so liegt das allein an dem geringen organischen Gehalt in den Quallen. Weder in der Allometrie noch in irgendwelchen obskuren Unterschieden in der Physiologie.

Das hatte Konsequenzen für die Interpretation der diversen Arbeiten zum Stoffwechsel des Planktons: Alle bis dahin gemachten Studien und Interpretationen, die sich auf das Trockengewicht als Biomassebasis stützen waren – wie schon angedeutet - letztendlich falsch oder zumindest irreführend!

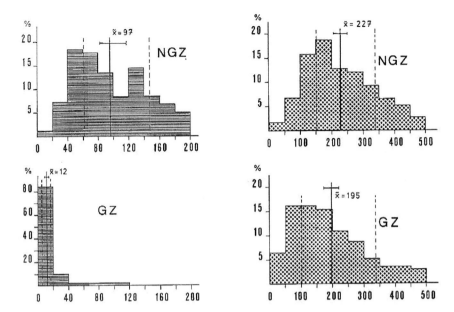

Abb. 46: Vergleich von über 500 Literaturdaten: Wird die Respiration auf das Trocken-gewicht bezogen, so liegen 80 % aller Daten für das gelatinöse Plankton (GZ) bei weniger als 20 mg O_2 gdw^{-1} d^{-1} mit einem Mittel von 12 mg O_2 gdw^{-1} d^{-1} (links). Das Nicht-gelati-nöse Plankton (NGZ) respiriert dagegen im Mittel mit 97 mg O_2 gdw^{-1} d^{-1}. Bezieht man jedoch die Atmungswerte auf den Kohlenstoff als Biomasseparameter, so sind die At-mungsaktivitäten beider Planktongruppen im Rahmen der Variabilität gleich (rechts): 227 gegen 195 mg O_2 gdw^{-1} d^{-1} . Für die Exkretion ergaben sich gleiche Ergebnisse. (Aus Schneider 1992)

Auf einem Kongress des Internationalen Rates für Meeresforschung (ICES) in Dublin 1993 hat daher der Autor den Vorschlag gemacht, künftig alle physiologischen Raten auf C-Basis anzugeben. Vor allem dann, wenn nicht-gelatinöse und gelatinöse Plankter gemeinsam untersucht oder verglichen werden.

Die relative Stoffwechselhöhe im lebenden Tier wird also vor allem durch den Anteil an organischer Substanz bestimmt (in dieser Studie immer als Kohlenstoffäquivalent angege-ben), jedoch nicht wesentlich durch die Größe der Tiere oder gar den Trockenanteil. Dies verdeutlicht auch Abb. 47.

Diese alten Befunde werden letztendlich durch neue Arbeiten bestätigt. Insbesondere Pitt et al. (2013) konnten zeigen, dass die Respiration gelatinösen Planktons niedriger ist als bei nicht-gelatinösem Plankton (geringere Konstante a in R = aW^b), dass aber beide Grup-pen vergleichbare Werte aufweisen, wenn die Biomasseparameter auf C-Gehalt normiert werden. Die Steigungen der (logarithmierten) Allometriegeraden sind aber sehr ähnlich. Danach gibt es keine Unterschiede in Bezug auf die allometrischen Gesetzmäßigkeiten zwischen gelatinösem und nicht-gelatinösem Plankton.

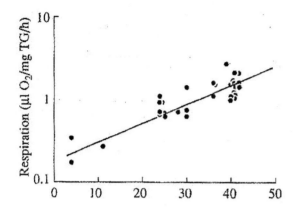

Abb. 47: Die Abhängigkeit der gewichtsspezifischen Respiration in $\mu l O_2$ mg dw^{-1} h^{-1} von dem Kohlenstoffanteil in der Trockenmasse (in % dw, Abszisse). Deutlich zu erkennen sind drei Cluster: Ganz links das gelatinöse Plankton, bei etwa C = 30 % dw das semigelatinöse Plankton und bei C = 40 % dw das nicht-gelatinöse Zooplankton. Aus Schneider (1999) nach Daten aus Ikeda (1974 b)

Dem steht gegenüber, dass der Autor bei seinen Literaturstudien festgestellt hat, dass die b-Werte (R = a W^b) etwa bei 1 liegen (Schneider 1992): Allerdings mit einer Abweichung von ± 0,26, was letztendlich so ziemlich alles möglich macht. Dennoch werden in den Literaturen b- Werte von 0,9xx sehr häufig angetroffen. Der lineare Anstieg der Respiration in Abb. 42 ist daher als Maximalbetrag anzusehen, denn sobald b unter 1 fällt werden die Werte geringer ausfallen und die dargestellte Spanne wird noch breiter.

In ähnlicher Weise wie für die Atmung konnte Schneider (1990 b) auch für die Ammoniumexkretion eine grundsätzliche Überlappung der Datenbereich auf C-Basis der beiden großen Planktongruppe feststellen. Dahinter steckte aber eine hohe Variabilität und die nachfolgenden Arbeiten von Pitt et al. (2013) haben gezeigt, dass gelatinöses Plankton auch nach Renormierung auf die Kohlenstoffbasis mit einem Faktor 2 – 3 weniger exkretiert als andere Gruppen. Quallen scheinen einen hohen Stickstoffbedarf zu haben.

Dies hätte dann die Konsequenz, dass quallige Organismen mehr Zooplankton fressen müssen, um ihren hohen Stickstoffbedarf zu decken. Dadurch würden sie mehr Kohlenstoff und Phosphor aufnehmen als sie benötigen, können diesen Kohlenstoff aber nicht in die Körperstrukturen einbauen und müssen ihn als DOC oder C:N-reiche gelöstes organisches Material (C:N ca. 25:1) sowie ggf. C-reiche Mucus Blobs (C:N = ca. 14:1) abgeben. Gelatinöse Zooplankter wären daher sowohl Kohlenstoff- als auch Phosphorpumpen, was weitreichende Konsequenzen für das Ökosystem hätte, die bisher weder hinreichend beschrieben noch vollständig verstanden sind.

Zusammenfassend bleibt somit festzuhalten, das gelatinöse Organismen durch ihren geringen Gehalt an organischer Substanz einen niedrigen Stoffwechsel und letztendlich auch einen niedrigen relativen Nahrungsbedarf haben.

Allerdings darf dies nicht über einen Punkt hinwegtäuschen: Die relativen Raten sind niedrig, aber der absolute Bedarf an Sauerstoff bei zum Teil meterlangen Tieren ist hoch. Diese Sauerstoffmengen müssen durch Körper aufgenommen werden, die keine spezifischen Respirationsorgane haben. Wie gelingt dies? Durch einen komplexe Köpergeometrie, die darauf abgestimmt ist, möglichst große Flächen für den Gasaustausch zu schaffen.

Dies lässt sich mathematisch relativ schlicht demonstrieren, auch wenn die dabei notwendigen Vereinfachungen nur in der Lage sind, den Effekt modellhaft vorzuführen.

Gegeben seien verschiedene Organismen, die alle 1 mg C als Biomasse enthalten sollen. Bei Crustaceen, die kugelförmig gebaut sind, würde sich über die typischen Wasser- und Trockenanteile ein Volumen von 13 mm^3 ergeben mit einer Oberfläche von 27mm^2 (Abb. 48). Wäre der Krebs jedoch lang gebaut, wie z. B. die Copepoden, Euphausiden, Mysiden u.a. betrüge die Oberfläche bereits 38 mm^2, was ein besseres Oberflächen zu Volumen – Verhältnis (O/V) bedeutet. Die Relation zwischen Oberfläche und dem organischen Anteil (C_{org}) läge bei 27 für die Kugel und bei 38 für den approximierenden Zylinder. Die Zylinderform ist also günstiger in Bezug auf eine mögliche Respiration durch die Körperoberflächen. Da jedoch der Chitinpanzer in der Regel einen Gasaustausch einschränkt oder verhindert, haben viele Krebse Kiemen bzw. kiemenähnliche Strukturen ausgebildet.

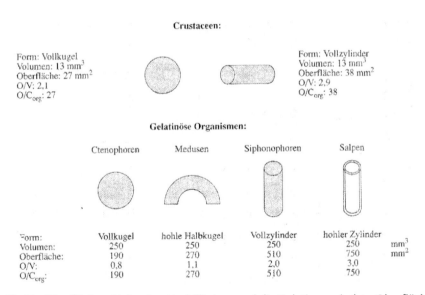

Abb. 48: Die Oberflächen-Volumina-Verhältnisse und die Relation zwischen Oberfläche und organischem Gehalt bei hypothetischen Planktern unterschiedlicher Körperform (aus Schneider 1999).

Bei gelatinösen Organismen sieht das aber völlig anders aus: Aufgrund des hohen Wassergehaltes wäre ein kugelförmiger Organismus wesentlich größer und käme auf 250 mm^3. Die O/V-Relation liegt mit 0,8 wegen des hohen Volumens weit unter dem der Crustaceen, das O / C_{org} – Verhältnis ist aber mit 190 mm^2 mg^{-1} wesentlich besser als bei den Crustaceen mit 27 bzw. 38 mm^2 mg^{-1}.

Variieren wir nun die Form der Körper unter Beibehaltung des Volumens in eine Hohlkugel (Scyphomeduse), einen Vollzylinder (Siphonophore vom Typ *Rhizophysa*) und einen hohlen Zylinder als grobes Modell für eine Salpe, so steigt das O/V- Verhältnis zwar an, wird aber nie größer als das der kleinen Crustaceen.

Das Verhältnis O / C_{org} jedoch geht rasant in die Höhe und erreicht mit 750 mm^2 mg^{-1} einen Wert, der 20 – 30 Mal besser ist als bei unseren Modellkrebsen.

Diese kleinen Rechenbeispiele machen deutlich, dass die bei gelatinösem Plankton auftretenden Formentypen nicht zufällig sind, sondern die Geometrie in den Dienst der Physiologie genommen worden ist. Breite, hohle Formen, lange fahnenförmige Anhänge dienen sowohl der Nahrungsbeschaffung und sind gleichzeitig Austauschflächen für Gase und Stoffe. Eine Meduse mit den gleichen Verhältnissen wie bei den Krebsen würde ersticken.

Das macht mit verständlich, warum es z. B. keine kugelförmigen Ctenophoren von 1 m Durchmesser gibt. Ihr O / C_{org} – Verhältnis ist noch zu niedrig.

Die einzigen Ctenophoren, die 1 m lang werden, die *Cestus*-Arten (Venusgürtel) sind deswegen auch lange „riemenartige" Gebilde mit großen Oberflächen und nur dünnen Gewebeschichten zwischen diesen Körperflächen.

Größe, Form und Kohlenstoffgehalt müssen je nach Art in entsprechenden Verhältnissen zu einander stehen. Gehen wir davon aus, dass die Respiration des Organismus proportional des C-Gehaltes und der Masse steigt, so ist klar, dass der Zuwachs an Masse mit der dritten Potenz der Größe erfolgt (M → L^3), die Oberfläche aber nur mit dem Quadrat (O → L^2) steigt. Das Verhältnis Oberfläche zu Masse und damit die potenzielle Respirationsfläche sinkt mit 1 / L. Die „isoforme" Größenzunahme würde also ein Problem mit den Austauschflächen bringen. Es müssen daher zusätzliche Flächen, ein Δ O, für den Gasaustausch geschaffen werden. Das wären bei Scyphomedusen z. B. lange, filigrane Mundarme und Tentakeln mit jeweils ganz geringer Masse.

Unsere Ohrenqualle hat den C-Gehalt auf 5 % des Trockengewichtes „gedrückt" und einen entsprechenden niedrigen Metabolismus. Sie ist aber in ihrer Größe auf 30 – 40, ggf. auch auf 50 cm eingeschränkt, da ihre Form kein sonderliches Δ O bietet. Sie ist eher kompakt gebaut, mit kurzen Tentakeln und Mundarmen sowie von einem eher einfachen Kanalsystem durchzogen. Würde – das wäre die Konsequenz aus diesen Überlegungen – *Aurelia* den Kohlenstoffgehalt verdoppeln, würde sich der Sauerstoffbedarf ebenfalls etwa verdoppeln und sie könnte nicht zu diesen Größen heranwachsen, sondern müsste kleiner bleiben, weil das dann notwendige Δ O fehlt.

Die von Russel (1970) erwähnte 1,1 m große Aurelia in isländischen Gewässern konnte wahrscheinlich nur diese Größe erreichen, weil der Sauerstoffgehalt in den kalten Gewässern etwa 30 % höher ist als z. B. in Nord- und Ostsee. Außerdem dürfte die Respiration bedingt durch die geringeren Temperaturen auch niedriger gewesen sein.

Die *Cyanea*-Arten haben dagegen viel längere und geometrisch hoch komplexe Mundarme sowie lange Tentakeln. Sie können es sich leisten, einen höheren Kohlenstoffanteil in ihrem Gewebe zu beherbergen und damit einen erhöhten Metabolismus aufzuweisen, weil das O / C_{org} – Verhältnis gegenüber der durch *Aurelia* demonstrierten „Grundform" erhöht werden konnte.

Die alternative Lösung besteht in leistungsfähigen internen Oberflächen, wie sie z. B. bei den rhizostomen Arten ausgebildet sind, die ein insgesamt extrem langes und sehr verzweigtes Kanalsystem besitzen. Zudem kann der Epaulettenkranz in seiner Feinstruktur durchaus mit Lungen verglichen werden, denn ein Hauptkanal verzweigt sich viele Male und endet in vielen terminalen Läppchen, die jeweils mit Hunderten, an Mikrovilli erinnernde Zotten ausgestattet sind und so mit dem umgebenden Seewasser eine effizienten Gasaustausch erlauben. Wir dürfen den Epaulettenkranz funktionell durchaus als ein Respirationsorgan ansehen.

4.4 Trickreiche Kalorik

Gelatinöses Plankton erreicht seine energetische Sonderstellung nicht nur durch einen niedrigen Metabolismus, sondern auch – und vielleicht am stärksten – durch die breite Differenz des kalorischen Gehaltes der eigenen Köpersubstanz zu dem der Nahrung.

Cnidarier und Ctenophoren sind Räuber, die mit Tentakeln oder schlingend (z. B. die *Beroe*-Arten) ihre Beute, nämlich mehr oder weniger das ganze Spektrum des Zooplanktons, aufnehmen. Dies sind allein aus numerischen Gründen in der Regel Crustaceen (vor allem Copepoden). Daneben treten auch Fischlarven oder bei den größeren Medusen auch ganze Fische sowie verschiedene andere Organismentypen einschließlich anderer Medusen oder gelatinöser Plankter.

Tunicaten sind dagegen Filtrierer, die sowohl Phytoplankton als auch heterotrophe Kleinformen (Protozoen, heterotrophe Dinoflagellaten, z. T. Bakterien usw.) in Schleimnetzen fangen und vertilgen.

Für die nachfolgende Argumentation ist es wichtig, sich die kalorischen Gehalte der verschiedenen Zooplanktongruppen vor Augen zu führen (Tab. 12).

Tab. 12: Die etwaigen kalorischen Gehalte des Zooplanktons, bestimmt nach den Daten zur chemischen Zusammensetzung entsprechend Abb. 37.

Zooplanktongruppe	KJ g dw^{-1}	KJ g ww^{-1}
Crustaceen	21 – 28	4 – 6
- Copepoden	- 28	- 6
- Euphausiden, Mysiden	- 26	- 5
- Decapoden	- 23	- 5
- Andere	- 21	- 4
Mollusken	17	1,7
Chaetognathen	20	2,0
Cnidarier	5,8 – 7,6	0,3 – 0,4
- Scyphomedusen	- 5,8	- 0,2
- Hydromedusen	- 6,5	- 0,3
- Siphonophoren	- 7,4	- 0,4
Ctenophoren	1,5	0,1
Tunicaten	4,2	0,2

Wie unschwer zu erkennen ist, liegen auf der Basis des Nass- oder Frischgewichtes die kalorischen Gehalte bedingt durch den niedrigen C-Gehalt für die Cnidarier deutlich eine Größenordnung unter denen der Crustaceen, was bei den Ctenophoren noch ausgeprägter ist.

Die Konsequenz ist, dass die aufgenommene Nahrung etwa zehnmal kaloriendichter als die eigene Körpersubstanz ist. Die gelatinösen Plankter, die sich sowohl von Phytoplankton als auch von Zooplankton ernähren, erhalten ein hoch angereichertes „Kraftfutter".

Der „Trick"- wenn man es mal so ausdrücken darf - besteht also darin, einen möglichst breiten Abstand zwischen dem eigenen kalorischen Gehalt und dem der Beute aufzuweisen. Dann wird mit der Nahrung ein Überschuss aufgenommen, der in das Wachstum und in die Reproduktion gesteckt werden kann. Oder umgekehrt: Wenn die Nahrung nicht so reich in der Umgebung vorhanden ist, reichen wenige Futterorganismen, um das Überleben zu sichern (Abb. 49).

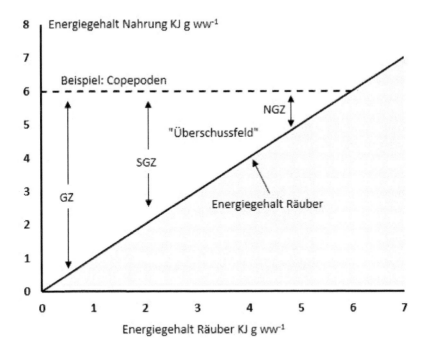

Abb. 49: Modellvorstellung des Energieüberschussfeldes. Als Beispiel wird hier angenommen, dass alle Zooplankter Copepoden fressen. Zwischen dem Energiegehalt des Räubers (schräge Linie) und dem der Copepoden entsteht ein „Überschussfeld". Frisst also ein gelatinöser Plankter (GZ) pro Gramm Körpergewicht ein Gramm Copepoden, so nimmt er rund 5,5 kJ mehr auf, als er selbst enthält (Doppelpfeil). Eine Molluske als Vertreter des semigelatinösen Planktons (SGZ) nur noch rund 4 kJ und eine nicht-gelatinöser Plankter (NGZ) vielleicht nur 1 kJ. Ein Copepode, der andere Copepoden frisst würde keinen Überschuss erhalten.

Natürlich ist diese Modellvorstellung eine idealisierte Sicht, sie soll aber zeigen, in welch effizienter Weise der Unterschied zwischen den kalorischen Gehalten durch das gelatinöse Zooplankton nutzbar ist. Um einer möglichen Fehlinterpretation zuvorzukommen: Natürlich würden auch Copepoden, die Copepoden fressen, einen energetischen Nutzen haben. Sie müssten nur mehr fressen, z. B. 2 Gramm Nassgewicht, dann wäre der Gewinn 6 kJ. Dies Darstellung verdeutlicht aber, mit wie wenig Nahrung z. B. Medusen auskommen könnten.

Was das für die „Praxis" bedeutet, lässt sich mit einer Beispielrechnung auf Kohlenstoffbasis verdeutlichen.

Ein Krebs, eine planktische Molluske und eine Qualle von jeweils 1 g Lebend- oder Nassgewicht schaffen es, pro Tag 5 % ihres Gewichtes an Nahrung aus den nicht-gelatinösen Plankton (also z. B. durch Copepoden) zu akquirieren. Das sind 50 mg ww oder 4 mg C. Die Assimilation soll für alle drei Organismen 75 % betragen und die respirativen Verluste belaufen sich für jeden auf 7,5 % des Köperkohlenstoffs (ergibt sich aus den Werten in Abb. 46, rechts). Dann sähe die Kohlenstoffbilanz wie folgt aus (Tab. 13):

Tab 13: Kohlenstoffbilanz für drei Planktonorganismen unterschiedlicher Zusammensetzung (Werte gerundet).

Organismus	Krebs	Molluske	Meduse
Typ	NGZ	SGZ	GZ
Startgewicht	1 g ww = 80 mg C	1 g ww = 33 mg C	1 g ww = 5 mg C
Aufnahme	+ 4 mg C	+ 4 mg C	+ 4 mg C
Assimilation	+ 3 mg C	+ 3 mg C	+ 3 mg C
Zwischensumme	= 83 mg C	= 36 mg C	= 8 mg C
Verluste Respiration	- 6 mg C	- 3 mg C	- 1 mg C
Endgewicht	= 77 mg C	= 33 mg C	= 7 mg C
Wachstum	**- 3 mg C**	**± 0 mg C**	**+ 2 mg C**
Prozentuale Änderung	- 4 %	± 0 %	+ 40 %

Die Modellrechnung macht deutlich, dass die aufgenommene Nahrungsmenge von 5 % des Eigengewichtes für den Krebs nicht reicht, er verliert Körpermasse. Die Molluske hat ein ± ausgeglichenes Verhältnis, aber die Meduse kann 40 % der Nahrung in Wachstum und / oder Reproduktion leiten. Die Meduse würde sogar noch um 12 % wachsen, wenn die Assimilationseffizienz bei nur 40 % läge, wie es für *Aurelia aurita* experimentell bei hohen Futterdichten beobachtet wurde (Møller& Riisgård 2007).

Hinzu kommt, dass der niedrige kalorische Körpergehalt des gelatinösen Planktons die ganze Palette an kalorisch dichten Futterorganismen erschließt: Von den niedrigkalorischen Medusen bis zu den hoch angereicherten Crustaceen. Nicht-gelatinöses Plankton kann sich dagegen nur effektiv von NGZ oder kalorisch wertvollem Phytoplankton ernähren. Bei der Nutzung von GZ müssten dagegen sehr hohe Mengen aufgenommen werden, um den eigenen Bedarf zu decken. Dieser evolutionäre Vorteil des GZ ermöglicht es, dass gelatinöse Organismen sehr schnell hohe Bestände aufbauen können, aber auch bei geringen Nahrungsdichten nicht verhungern und mit wenig Nahrung überdauern können, sofern diese Nahrung kalorisch dichter als die eigenen Körpersubstanz ist.

Um die mit der Nahrung akquirierten Überschüsse für die Art zu sichern, haben die verschiedenen systematischen Gruppen bekanntermaßen unterschiedliche Wege gefunden, die Populationsbiomasse auszuweiten (Abb. 50).

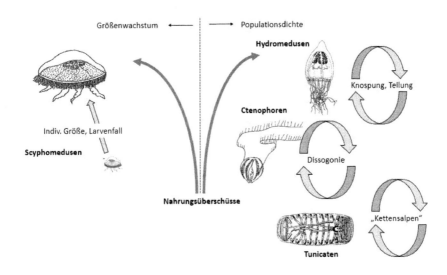

Abb. 50: Strategien des gelatinösen Planktons, Nahrungsüberschüsse für die Populationswachstums oder die Biomasseproduktion zu nutzen. Näheres siehe Text.

→ Scyphomedusen investieren die Nahrungsüberschüsse vornehmlich in die individuelle Größe und die Larvenproduktion. Es gibt keine „abgekürzten" Wege, die Zahl der Individuen zu erhöhen. Scyphomedusen werden daher z. T. sehr groß, wie schon angemerkt. Die Überschüsse werden letztendlich in die Polypengeneration investiert, was möglicherweise eine langfristige Bestandssicherung ermöglicht. Eine Ausnahme ist *Pelagia*, bei der sich Ephyren direkt aus der Planula entwickeln. Dadurch können sie auch die aktuellen Bestände vergrößern. Dieser Mechanismus ist ggf. auch für die Massenvorkommen im Mittelmeer verantwortlich. Massenvorkommen anderer Arten können aber nicht auf vegetative Vermehrungsstrategien zurückführt werden.

→ Hydromedusen können sich vegetativ vermehren. Entweder durch Knospung am Schirmrand oder am Mundstiel, gelegentlich kommt auch die Teilung der ganzen Meduse vor. Der Vorgang kann so effizient sein, dass bereits Enkelmedusen produziert werden, obwohl sich die Tochtermedusen noch gar nicht von der Muttermeduse abgelöst haben.

→ Ctenophoren haben einen eigenwilligen Weg: Bei ihnen gibt es das Phänomen, der Jugendreife oder Dissogonie. Dies bedeutet, die Jungtiere werden bereits geschlechtsreif, erzeugen neue Rippenquallen, bilden dann die Gonaden aber wieder zurück, um später als voll ausgewachsene Individuen erneut fruchtbar zu werden. In spezifischen Fällen vermehren sich sogar nur die Junglarven (Jaspers et al. 2012). Nach dem Gesetz der Progression können daher sehr schnell große Bestände aufgebaut werden.

→ Tunicaten und insbesondere die Salpen haben einen regelmäßigen Wechsel zwischen der ungeschlechtlichen und der geschlechtlichen Generation. Während die ungeschlechtliche Generation aus Einzeltieren besteht, kommt es bei der Bildung der Geschlechtsgeneration gleichzeitig zu einer Vervielfachung der Individuen, die in zyklischen oder langgestreckten Ketten auftreten. Dabei sind die Salpen wohl innerhalb des gelatinösen Planktons die erfolgreichste Gruppe, wenn es darum geht, die Individuendichte zu erhöhen. Individuelle Wachstumsraten von bis zu 20 % in der Länge pro Stunde und eine Verfünffachung des Kohlestoffgewichtes innerhalb von 10 h sind berichtet (z. B. Heron & Benham 1984). Massenvorkommen dieser Tiere, die sich innerhalb von 2-3 Wochen mit Millionen von Exemplaren etablieren sind praktisch aus allen Regionen des Weltmeeres berichtet. Allerdings nur aus nahrungsreichen Gebieten wie Auftriebsgebieten, Fronten und bestimmten Wirbeltypen. Überall dort also, wo Nährstoffe für die Plantonproduktion im reichen Maße zur Verfügung gestellt werden.

Gelatinöse Plankter verfügen daher über hocheffektive Mechanismen günstige Nahrungsbedingungen für sich zu nutzen. Andererseits: Ist das Nahrungsangebot gering, so haben sie dennoch ausreichende Ressourcen, solche Situationen zu überleben. Eine typische und sehr erfolgreiche „Feast and Famine Strategy." Das lädt zur Nachahmung ein.

4.5 Gelatinöse Krebse

Krebse sind bekanntlich recht robuste Tiere, denen man einen gelatinösen Charakter dem Augenschein nach sofort absprechen würde. Dennoch ist es im Laufe der Evolution dazu gekommen, dass Crustaceen ihre Körperzusammensetzung im Sinne der gelatinösen Organisation verändert haben.

Dies betrifft sowohl Vertreter der Ostracoden als auch der Amphipoden und Copepoden. Tab. 14 listet die in der Literatur „entdeckten" Vertreter auf und Abb. 45 visualisiert ihre Stellung zu den anderen Zooplanktongruppen.

Tab. 14: Beispiele für gelatinöse oder zumindest semi-gelatinöse Crustaceen

Art	Wasser	C % dw	C % ww	Qualle
Ostracoda:				
Gigantocypris agassizii	96 %	10 %	0,4 %	Childress & Nygaard 1974
Philomedes interpuncta		22 %		Ikeda 1974 b
Amphipoda:				
Phronima sedentaria	93 %	19 %	1,3 %	Childress & Nygaard 1974
Phronima sedentaria		24 %		Ikeda 1974 b
Hemityphis tenuimanus		25 %		Ikeda 1974 b
Thamneus platyrrhynchus		24 %		Ikeda 1974 b
Oxycephallus porcellus		24 %		Ikeda 1974 b
Philomedes interpuncta		22 %		Ikeda 1974 b
Copepoda:				
Eucalanus elongatus		(21 %)*	1,5 %	Flint et al. 1991
Eucalanus inermis		(21 %)*	1,5 %	Flint et al. 1991
Eucalanus californicus	93 %			Childress 1975

*Schätzwert bei einem Wasseranteil wie *Eucalanus californicus.*

Am stärksten in die gelatinöse Richtung hat sich der in der Tiefsee lebende Ostracode *Gigantocypris agassizii* entwickelt. Mit 96 % Wasseranteil und einem C-Gehalt von 10 % des Trockengewichtes ist er chemisch z. B. nicht von einer Scyphomeduse zu unterscheiden.

Auch in der Tiefsee beheimatet sind die beiden Copepoden *Eucalanus inermis und E. elongatus f. hyalinus,* die beide mit 1,5 % C von ww und einem geschätzten C-Anteil von 21 % dw zumindest als semigelatinös anzusehen sind.

Alle drei Organismen zeichnen sich durch eine im Vergleich zu ähnlichen Arten enorme Größe bzw. ein hohes Frischgewicht aus. *Gigantocypris* erreicht einen Durchmesser von 3 cm, während die üblichen pelagischen Ostracoden meist unter einem bis wenige Millimeter liegen. Die beiden genannten Copepoden weisen Gewichte von 3 – 4 mg (Copepodite V) bzw. 7 – 10 mg bei den adulten Weibchen auf. Die von Flint et al (1991) gleichzeitig untersuchten anderen Copepoden liegen dagegen bei 0,4 – 1,8 mg.

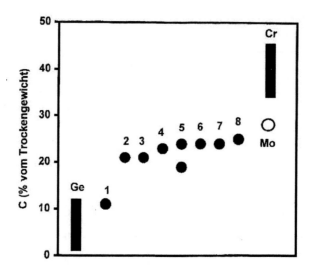

Abb. 50: Die Stellung der gelatinösen Krebse in Bezug zu den bereits definierten Gruppen. Das gelatinöse Zooplankton (Ge) zeigt Kohlenstoffanteile in der Trockenmasse von bis zu 13 %. Mollusken (Mo) als Vertreter des SGZ haben ca. 28 – 30 % C dw und die Crustaceen als Repräsentanten der NGZ ca. 35 – 45 % C. Die hier genannten Arten sind vornehmlich als semi-gelatinös zu bezeichnen, liegen aber noch unter den Mollusken. Die Arten sind: 1 = *Gigantocypris agassizii*, 2 = *Eucalanus inermis*, 3 = *Eucalanus elongatus*, 4 = *Philomedes interpuncta*, 5 = *Phronima sedentaria* (2 Werte), 6 = *Thamneus platyrrhynchus*, 7 = *Oxycephalus porcellus*, 8 = *Hemityphis tenuimanus* (Aus: Schneider 2001)

Respirationsmessungen an den genannten Arten zeigten einen deutlich reduzierten Stoffwechsel als Vergleichsvertreter mit „normaler" nicht-gelatinöser Körperzusammensetzung.

Diese Tiefseearten werden durch die gelatinöse Organisation in einem nahrungsarmen Milieu die bisher genannten Vorteile ziehen können und sicher vermeidet die Größe bei zumindest *Gigantocypris* einen Feinddruck durch kleinere Räuber, ggf. aber auch vor Siphonophoren wie *Hippopodius hippopus*, die sich ausschließlich von Ostracoden ernähren soll und selbst nur Größen zwischen 2 und 3 cm erreicht.

Die anderen genannten Arten kommen dagegen meist oberflächennah vor, wobei *Phronima* allerdings bis in 1 Km Tiefe gefunden werden kann. Gelatinöse oder zumindest semi-gelatinöse Organisation ist daher nicht etwa auf Tiefseevertreter beschränkt. Die Art des Selektionsdruckes in Richtung gelatinöse Organisation kennen wir nicht, können sie aber zumindest für *Phronima* ahnen.

Dieser fast glasklare Amphipode frisst Salpen leer und verwendet das übrigbleibende Gehäuse oder Tönnchen als Wohnstädte und Schutz. Die Eier werden im Tönnchen abgelegt und die Jungen ernähren sich von der Tönnchensubstanz. Phronima selbst ist wie alle Amphipoden carnivor und lebt von gelatinösem Plankton, aber auch anderen Planktonorganismen.

Es ist zu vermuten, dass die gelatinöse Organisation im Sinne der Abb. 42 auch hier die Vorteile bietet, die sich aus einem erniedrigten Energiegehalt zu den Energiegehalten der Beute ergeben. Insbesondere dann, wenn ein nicht unerheblicher Teil der Nahrung aus gelatinösen Organismen gezogen wird.

Bei den anderen genannten Arten können wir zurzeit nur die Besonderheit ihres Körperbaus feststellen.

Leider fehlt es an weiteren Beispielen. Das mag auch daran liegen, dass die „große Zeit" der Körperanalysen, wo in einer Studie viele unterschiedliche Arten auf ihre Inhaltsstoffe untersucht wurden, vorbei ist. Wir kennen die Zusammensetzung des Zooplanktons jetzt recht genau und eine systematische Durchmusterung aller möglichen Organismen ist nicht mehr im Zug der Zeit.

Das hat natürlich den Nachteil, dass solche Zufallsfunde wie hier vorgestellt, kaum noch zu erwarten sind. Aus evolutionsbiologischer Sicht wäre das aber zu begrüßen.

4.6 Uraltes Erbe

Der fossile Beleg spricht, soweit wir es nachvollziehen können, eine klare Sprache. Mit hoher Wahrscheinlichkeit standen zu Beginn der kambrischen Explosion zwei unterschiedliche Lebensstile, zwei Konstruktionsentwürfe, „zur Auswahl" – Gelatinöse Bauprinzipien einerseits, hochenergetisch und hochaktive Lebensstile auf der anderen Seite.

Auch wenn diese Beschreibung etwas locker ist, so besteht doch kein Zweifel daran, dass die Vertreter dieser „qualligen" Organisationstypen uns durchgängig seit dem mittleren Kambrium vertraut sind und sich im „Kampf ums Dasein" nachweislich bewährt haben.

Der Mechanismus ist ja denkbar einfach: Einbindung großer Wassermassen in die Körpersubstanz und damit relative Erniedrigung des organischen Anteils. Die Vorteile sind genannt:

- Ungewöhnliche Größe
- Hohe Raumkontrolle
- Niedriger Metabolismus im Vergleich zu nicht-gelatinösen Tieren ähnlicher Größe

- Dafür komplexe Geometrie zur Schaffung ausreichend großer Austauschflächen, die aber gleichzeitig die Raumkontrolle unterstützen bzw. verbessern und ausweiten
- Niedriger Energiegehalt und damit hohe Nutzbarkeit von energiereicheren Lebensformen

Diese beiden Organisationstypen, NGZ und GZ, sind – wie gesagt - über den gesamten Zeitraum der Erdgeschichte belegt, auch wenn es insbesondere bei den gelatinösen Vertretern harsche Überlieferungslücken im Detail gibt. Sicher ist auch, dass ursprünglich nicht gelatinös organisierte Gruppen sich in gelatinöse Planktontypen entwickelt haben. Wahrscheinlich im Oligozän kommen die Salpen und Dolioliden dazu (siehe Condon et al. 2012). *Gigantocypris* ist eine klare konvergente Angleichung (Abb. 51) und die wenigen anderen Crustaceen mit erhöhten Wassergehalten und / oder erniedrigten Kohlenstoffanteilen in der Trockenmasse ordnen wir derzeit der sog. semigelatinösen Gruppe zu. Deren Hauptvertreter sind jedoch die Heteropoda und Thecosomata, die sich mit hoher Wahrscheinlichkeit aus früheren weniger wasserreichen benthischen Vorläufern entwickelt haben und seit der Kreide auftreten (Peijnenburg et al. 2019).

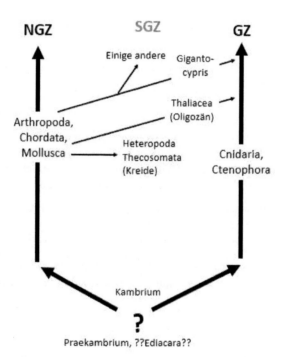

Abb. 51: NGZ und GZ als Hauptkonstruktionsentwürfe pelagischen Zooplanktons und mögliche bzw. nachgewiesen Übergänge

Andere gelatinöse Gruppen mögen vielleicht auch ausgestorben sein, sodass wir deren Körperzusammensetzung nur ahnen können, da sie keine klaren Fossilbeleg hinterlassen haben. Vielleicht waren die Graptolithen gelatinös, aber stabilisiert durch chitinähnliche Proteinskelette?

Ob dabei die Gruppe des semigelatinösen Planktons eine distinkte eigene Organisationsform ist, oder ob es sich möglicher- und spekulativerweise um Übergangsformen auf einem evolutionären Weg NGZ → GZ handelt, dessen Prozessende wir noch nicht sehen, sei dahingestellt.

Möglicherweise reicht aber das gelatinöse Baukonzept als solches noch weiter in die Vergangenheit zurück. Aus dem Präkambrium und z. T. den frühkambrischen Schichten ist uns die bekannte Ediacarafauna überliefert. Mit den ersten Fossilien dieser Lebensgemeinschaft wurden alte Bekannte entdeckt: Medusen, Seefedern, segmentierte Würmer u.a.

Dies hat sich leider als eine von Begeisterung getriebene Zuordnung herausgestellt, die das mehrzellige Leben gerne ein wenig nach hinten verlegt hätte. Einer genaueren Überprüfung hat dies nicht standgehalten. Wahrscheinlich sind uns hier die Überreste einer völlig anderen Organismenarchitektur überliefert, die einen separaten evolutionären Weg darstellen, der an der Grenze zum Kambrium unterging.

Bei Durchsicht der Literatur muss man feststellen, dass es kaum valide Zuschreibungen gibt und die Meinungen, was die jeweiligen Überreste nun wirklich waren, weit auseinander gehen – Von Flechten, über Mikrobenmatten, frühen Metazoen als Vorläufer der heutigen Tierwelt, frühen Metazonen ohne jegliche Nachfahren jenseits der Kambriumgrenze bis hin zu riesigen Einzellern. Praktisch alle Formen, die früher als Medusen identifiziert wurden haben mittlerweile eine andere Deutung erfahren und gemeinhin werden alle Typen als grundsätzlich benthisch aufgefasst.

Dennoch gibt es eine Tiergruppe, die in Bezug auf gelatinöse Organisation interessant ist: Seefederähnliche, sich blattförmig in die freien Wasserkörper erhebende, gestielte „Blätter" von z. T. erheblicher Größe. Bekannt geworden ist vor allem *Charnodiskus*, aber auch andere Vertreter der Rangeomorpha.

Besonders ihre Größe lässt die Frage aufkommen, wie sie gelebt haben, wovon sie sich ernährten. Waren sie vielleicht gelatinös, nur verstärkt durch einige skelettähnliche Gewebestränge oder mit Wasser gefüllten Röhren? Wenn dem so wäre, hätten sie den vollen Nutzen daraus ziehen können: Größe (nachgewiesen), erhebliche Austauschflächen (nachgewiesen), große Raumabdeckung (nachgewiesen), niedriger Nahrungsbedarf (vermutlich). Waren sie osmotroph, haben sie irgendetwas filtriert (Bakterien, Protozoen, oder gab es schon winzige treibende Metazoen)? Wie auch immer, eine gelatinöse Organisation wäre die günstigste Option in einem eher nahrungsarmen und im Vergleich zu heute sauerstoffärmerem Urmeer gewesen.

Es könnte also durchaus sein, dass der gelatinöse Lebensstil hier das erste Mal in der Erdgeschichte auftritt und dann über die kambrische Grenze getragen und von neuen Lebensformen übernommen bzw. konvergent entwickelt wurde. Gelatinöse Organisation als das erste Experiment des Lebens, als Erfolgsrezept über mehr als eine halbe Milliarde Jahre aber auch als Startpunkt zu anderen Entwicklungen.

Ich komme daher nicht umhin, unsere allgegenwärtige *Aurelia aurita* immer mit einer gewissen – man verzeihe mir dieses heute unüblich gewordene Wort – Ehrfurcht zu betrachten. Ehrfurcht vor dem Leben, Ehrfurcht vor einer Generationenfolge, die wandernde Kontinente, aufkeimende und vergehende Tierstämme, sich erhebende und dann wieder platterodierte Gebirge, Verwüstungen durch Kometen und sich immer wieder etablierende Eisschilde gesehen und überlebt hat. Generation für Generation hat das uralte Erbe weitergetragen und in gewissem Sinne schauen wir beim Anblick des wassergetragenen Tanzes der Quallen wie durch einen Schleier in das äonenweit zurück liegende Urmeer und begreifen die Einzigartigkeit alles Geschaffenen. Das Wunderbare wird nicht weniger wunderbar dadurch, dass es uns zu Füßen liegt und wir es dauernd zu sehen bekommen.

Ehrfurcht und Demut vor dem Leben sollten neue alte Qualitäten in unserer Welt werden. Klimawandel, Artensterben und Raubbau an allen natürlichen Ressourcen zerstören, was in Jahrmilliarden geschaffen wurde. Am Ende auch uns. „Wer die Natur gering schätzt, schätzt auch den Menschen gering" (Henry Beston, 1928).

Bilder aus der „Anderswelt": Oben eine künstlerische Darstellung der Ediacara-Biota mit den seefederähnlichen *Charnodiskus*. Die Medusen sind Fantasie, denn es gibt keine zweifelsfreien fossilen Belege aus der Zeit. Unten – im Kambrium vor 520 Mill. Jahren – sieht es schon realistischer aus, denn alle Formen sind fossil nachgewiesen. Quellen: Oben: Wkimedia / commons, Smithonian Institution, Ryan Sommer. Unten: Aus Fu et al. 2019. Beide zur Nutzung freigegeben.

5. Schriften

5.1 Publikationen

Die nachfolgende Aufstellung enthält die aus den Projekten zur Kieler Quallenforschung hervorgegangenen Publikationen in chronologischer Reihenfolge ihres Erscheinens. Akademische Abschlussarbeiten (Diplom-, Doktor-, Habilschriften), Kongress-Drafts, allgemeinverständliche Artikel etc. wurden nur aufgenommen, wenn die Ergebnisse nicht in internationalen Journalen veröffentlicht wurden. Arbeiten, aus denen hier zitiert wurde, sind aus Gründen der Übersichtlichkeit im Abschnitt „5.2 Zitierte Literatur" noch einmal aufgeführt.

Kerstan, M. (1977): Untersuchungen zur Nahrungsökologie von Aurelia aurita Lam. – Diploma Thesis, Kiel University, 95 pp.

Möller, H. (1978): Significance of coelenterates in relation to other plankton organisms. – Rep. Mar. Res. 27, 1 -18.

Möller, H. (1980 a): A summer survey of large zooplankton, particularly scyphomeduase, in North Sea and Baltic. -Meeresforsch. Rep. mar. Res. 28, 61 – 68.

Möller, H. (1980 b): Population dynamics of Aurelia aurita medusae in Kiel Bight, Germany (FRG). – Mar. Biol. 60, 123 – 128.

Möller, H. (1984 a): Daten zur Biologie der Quallen und Jungfische in der Kieler Bucht. – Verlag H. Möller, Kiel, 182 pp.

Möller, H. (1984 b): Reduction of larval herring populations by jellyfish predation. – Science, 224, 621 – 622.

Schneider, T & T. Weisse (1985): Metabolism measurements of Aurelia aurita planulae larvae, and calculation of maximal survival period of the free swimming stage.- Helgoländer Meeresunters. 39, 43 – 47.

Heeger, T. & H. Möller (1987): Ultrastructural observations on prey capture and digestion in the scyphomedusa Aurelia aurita. – Mar-Biol. 96, 391 - 400

Schneider, G. (1987): Role of advection in the distribution and abundance of Pleurobrachia pileus in Kiel Bight. – Mar. Ecol. Prog. Ser. 41, 99 – 102.

Schneider, G. (1988 a): Chemische Zusammensetzung und Biomasseparameter der Ohrenqualle Aurelia aurita. – Helgoländer Meresunters. 42, 319 – 327.

Schneider, G. (1988 b): Larvae production of the common jellyfish Aurelia aurita in the western Baltic 1982 – 1984. – Kieler Meeresforsch. Sonderh. 6, 295 – 300.

Schneider, G. (1989 a): The common jell-fish Aurelia aurita: Standing stock, excretion and nutrient regeneration in the Kiel Bight, western Baltic. – Mar. Biol. 100, 507 – 514.

Schneider, G. (1989 b): Estimation of food demands of Aurelia aurita populations in the Kiel Bight / western Baltic. – Ophelia 31, 17 – 27.

Schneider, G. (1989 c): Zur chemischen Zusammensetzung der Ctenophore Pleurobrachia pileus in der Kieler Bucht. – Helgoländer Meeresunters. 43, 67 – 76.

Schneider, G. (1990): A comparison of carbon based ammonia excretion rates between gelatinous and non-gelatinous zooplankton: Implications and consequences. – Mar. Biol. 106, 219 – 225.

Heeger, T., H. Möller & U. Mrowietz (1992): Protection of human skin against jellyfish (Cyanea capillata) stings. – Mar. Biol. 113, 669 – 678.

Schneider, G. (1992): A comparison of carbon-specific respiration rates in gelatinous and non-gelatinous zooplankton: A search for general rules in zooplankton metabolism. – Helgoländer Meeresunters. 46, 377 – 388.

Schneider, G. & G. Behrends (1994): Population dynamics and the trophic role of Aurelia aurita medusae in the Kiel Bight / western Baltic. – ICES J. mar. Sci. 51, 359 – 367.

Behrends, G. & G. Schneider (1995): Impact of Aurelia aurita meduase (Cnidaria, Scyphozoa) on the standing stock and community composition of mesozooplankton in the Kiel Bight (western Baltic Sea). – Mar. Ecol. Prog. Ser. 127: 39 – 45.

Heeger, T. (1998): Quallen – Gefährliche Schönheiten. – Wissenschaftliche Verlagsgesellschaft, Stuttgart, 358pp*

Schneider, G. & G. Behrends (1998): Top - down control in a neritic planktonsystem by Aurelia aurita medusae – a summary. – Ophelia 48, 71 – 82.

5.2 Zitierte Literatur

Acuña J. L. , A. López-Urrutia & S. Colin (2011): Faking Giants: The Evolution of High Prey Clearance Rates in Jellyfishes. – Science 333, 1627 – 1629.

Arai, M. N. (2001): Pelagic coelenterates and eutrophication: a review. – Hydrobiologia 451, 69 – 87.

Baumann, S. (2010): Quallen an der deutschen Ostseeküste – Auftreten, Wahrnehmung, Konsequenzen. – IKZM-Oder Berichte, 213 pp

Behrends, G. & G. Schneider (1995): Impact of Aurelia aurita medusae (Cnidaria, Scypho-zoa) on the standing stock and community composition of mesozooplankton in the Kiel Bight (western Baltic Sea). – Mar. Ecol. Prog. Ser. 127: 39 – 45.

Cartwright, P., S. L. Halgedahl, J. R. Hendricks, R. D. Jarrard, A. C. Marques, A. G. Collins & S. B. Lieberman (2007): Exceptionally Preserved Jellyfishes from the Middle Cambrian. – PLOS ONE, 2(10), e1121.

Childress J. (1975): The respiratory rates of midwater crustaceans as a function of depth of occurrence and relation to oxygen minimum layer of Southern California. – Comp. Bio-chem. Physiol. 50 A, 787 – 799.

Childress. J. & M. Nygaard (1974): Chemical composition and buoyancy of midwater crus-taceans as a function of depth of occurrence of Southern California. – Mar. Biol. 27, 225 – 238.

Condon R. H., D. K. Steinberg, P. A. del Giorgio, T. C. Bouvier, D. A. Bronk, W. M. Graham & H.W. Ducklow (2011): Jellyfish blooms result in a major microbial respiratory sink of carbon in marine systems. – PNAS 108, 10225 – 10230.

Condon R. H., Graham, W. M., Duarte, C. M., Pitt, K. A., Lucas, C. H., Haddock, S. H. D., Sutherland, K. R., Robinson, K. L., Daweson, M. N., Decker, M. B., Purcell, J. E., Malej, A., Mianzan, H., Uye, S.-.I., Gelcich, S, & L. P. Madin (2012): Questioning the rise of gelatinous zooplankton in the world's oceans.- BioScience, 62, 160 – 169.

Costello J. H. & S. P. Colin (1994): Morphology, fluid motion and predation by the scy-phomedusa Aurelia aurita. – Mar. Biol. 121. 327 – 334.

Costello J. H. & S. P. Colin (1995): Flow and feeding by swimming scyphomedusae.- Mar. Biol. 124, 399 – 406.

Dittrich, B (1988): Studies on the life cycle and reproduction of the parasitic amphipod Hyperia galba in the North Sea. – Helgoländer Meeresunters. 42, 79 – 98.

Dittrich, B. (1991): Biochemical composition of the parasitic amphipod Hyperia galba in relation to age and starvation. – J. Comp. Physiol B 161, 441 – 449.

Dong, Z. (2019): Blooms of the moon jellyfish Aurelia: Causes, consequences and controls. – In: Sheppard, C. (ed.): World Seas. An environmental evaluation. III: Ecological issues and impacts, Academic Press, 163 - 171

Flint, M. V., A. V. Drits & A. F. Pasternak (1991): Characteristic features of body composition and metabolism in some interzonal copepods. – Mar. Biol. 111, 199 – 205.

Fowler, R. (2011): Release of Extracellular Polymeric Substances (EPS) by Aurelia Aurita and Mucus Blob Flux. - Environmental Sciences Masters Theses Collection. Paper 1

Fu, D. Guanghui Tong, Tao Dai, Wei Liu, Yuning Yang, Yuan Zhang, Linhao Cui, Luoyang Li, Hao Yun, Yu Wu, Ao Sun, Cong Liu, Wenrui Pei, Robert R. Gaines, Xingliang Zhang (2019): The Qingjiang biota—A Burgess Shale–type fossil Lagerstätte from the early Cambrian of South China. – Science 363, 1338 – 1342.

Gemell, B. J., J. H. Costello, S. P. Colin, C. J. Stewart, J. O. Dabiri, D. Tafti & S. Priya (2013): Passive energy recapture in jellyfish contributes to propulsive advantage over other metazoans. – PNAS 110, 17904 – 17909.

Goldstein, J. & H. U. Riisgard (2016): Population dynamics and factors controlling somatic degrowth of the common jellyfish, Aurelia aurita, in a temperate semi-enclosed cove (Kertinge Nor, Denmark). – Mar. Biol. 163, DOI 10.1007/s00227-015-2802-x

Graham, W.M., Pagès, F. & W. M. Hamner (2001): A physical context of gelatinous zoo-plankton aggregations: a review. – Hydrobiologica 451, 199 – 212.

Hagadorn, J. W., H. R. Dott Jr. & D. Damrow (2002): Stranded on a late cambrian shoreline: Medusae from central Wisconsin. – Geology 30, 147 – 150.

Hamner, W. M. & R. M. Jenssen (1974): Growth, degrowth, and irreversibel cell diffentiation in Aurelia aurita. – Am. Zool. 14, 833 – 849.

Hamner, W. M., P. P. Hamner & S. W. Strand (1994): Sun-compass migration by *Aurelia aurita* (Scyphozoa): population retention and reproduction in Saanich Inlet, British Columbia. – Mar. Biol. 119, 347 – 356.

Hansson, L. J. & B. Norrman (1995): Release of dissolved organic carbon (DOC) by the scyphozoan jellyfish *Aurelia aurita* and its potential influence on the production of planktic bacteria. – Mar. Biol. 121, 527 – 532.

Heron, A. C. & E. E. Benham (1984): Individual growth in salps in three populations. – J. Plankton Res. 6, 811 – 828.

Heeger, T. (1998): Quallen – Gefährliche Schönheiten. – Wissenschaftliche Verlagsgesellschaft, Stuttgart, 358pp

Heeger, T. & H. Möller (1987): Ultrastructural observations on prey capture and digestion in the scyphomedusa Aurelia aurita. – Mar-Biol. 96, 391 – 400.

Ikeda, T. (1970): Relationship between respiration rate and body size in marine plankton animals as a function of the temperature of habit. – Bull. Fac. Fish, Hokkaido University, XXI,2, 91 – 112.

Ikeda, T. (1974 a): Nutritional ecology of marine zooplankton. – Mem. Fac. Fish Hokkaido Univ. – XXII, 1, 1 – 92.

Ikeda, T. (1985): Metabolic rates of epipelagic marine zooplankton as a function of body mass and temperature. – Mar. Biol 85, 1 – 11.

Jarms, G. & A. C. Morandini (2019): World atlas of jellyfish. – Abhandlungen des Naturwissenschaftlichen Vereins in Hamburg. Dölling und Galitz Verlag, 817 pp.

Jaspers, C., M. Haraldsson, S. Bolte, T. B. H. Reusch, U. H. Thygesen & T. Kiørboe (2012): Ctenophore population recruits entirely through larval reproduction in the central Baltic Sea. – Biol. Lett. 8, 809 – 812.

Jochem, F. (1989): On the distribution and importance of picocyanobacteria in a boreal inshore area (Kiel Bight, Western Baltic). – J. Plankton Res. 10, 1009 – 1022.

Johnson, D. R., H. M. Perry & W. D. Burke (2001): Developing jellyfish strategy hypotheses using circulation models. – Hydrobiologica, 451, 213 -221.

Jumars, P. A., Penry, D. L., Baross, J. A., M. J. Perry % B. W. Frost (1989): Closing the microbial loop: dissolved carbon pathway to heterotrophic bacteria from incomplete ingestion, digestion and absorption in animals. – Deep Sea Res. 36, 483 – 495.

Kerstan, M. (1977): Untersuchungen zur Nahrungsökologie von Aurelia aurita Lam. – Diploma Thesis, Kiel University, 95 pp.

Kiørboe, T. (2008): A mechanistic approach to plankton ecology. – Princeton University Press, 209 pp.

Kremer, P. (1977): Respiration and excretion by the ctenophore Mnemiopsis leidyi. – Mar. Biol. 44, 43 – 50.

Krumbach, T., (1930): Scyphozoa. IN: Grimpe, G. & E. Wagler (ed.) Die Tierwelt der Nord- und Ostsee. BD IIId, Akademische Verlagsgesellschaft, Leipzig, 88pp.

Larson, K. J. (1992): Riding Langmuir circulations and swimming in circles: a novel form of clustering behavior by the scyphomedusa Linuche unguiculata. – Mar. Biol. 112, 229 – 235.

Lenz, J. (1974): Untersuchungen zum Nahrungsgefüge im Pelagial der Kieler Bucht. Der Gehalt an Phytoplankton, Zooplankton und organischem Detritus in Abhängigkeit von Wasserschichtung, Tiefe und Jahreszeit. – Habilitationsschrift, Univ. Kiel, 144 pp.

Malej, A., V. Turk, D. Lučić & A. Benović (2007): Direct and indirect trophic interactions of Aurelia sp. (Scyphozoa) in a stratified marine environment (Mljet Lakes, Adriatic Sea). – Mar. Biol. 151, 827 – 841.

Martens, P. (1976): Die planktischen Sekundär- und Tertiärproduzenten im Flachwasserökosystem der westlichen Ostsee. – Kieler Meeresforsch. Sonderh. 3, 60 – 71.

Mills, C. E. (1981): Diversity of swimming behaviors of hydromedusae as related to feeding and utilization of space. – Mar. Biol. 64, 185 – 189.

Mills, C. E. (2001): Jellyfish blooms: are populations increasing globally in response to changing oceans conditions? Hydrobiologica 451, 55 – 68.

Møller, L. F. & H. U. Riisgård (2007): Feeding, bioenergetics and growth in the common jellyfish Aurelia aurita and two hydromedusae, Sarsia tubulosa and Aequorea vitrina. – Mar Ecol. Prog. Ser. 346, 167 – 177.

Möbius, K. (1880): Medusen werden durch Frost getödtet. -Zoologischer Anzeiger 3, 67 – 68.

Möller, H. (1982): Ohrenquallen als Nahrungskonkurrenten und Räuber der Fischbrut. – Habilitationsschrift, Univ. Kiel, 139 pp.

Möller, H. (1984 a): Daten zur Biologie der Quallen und Jungfische in der Kieler Bucht. – Verlag H. Möller, Kiel, 182 pp.

Möller, H. (1984 b): Reduction of larval herring populations by jellyfish predation. – Science, 224, 621 – 622.

Mutlu, E. (2001): Distribution and abundance of moon jellyfish (Aurelia aurita) and its zooplankton food in the Black Sea. – Mar. Biol. 138, 3239 – 339.

Oleson, N. J. (1995): Clearance potential of jellyfish Aurelia aurita, and predation impact on zooplankton in a shallow cove. – Mar. Ecol. Prog. Ser. 124, 63 – 72.

Peijnenburg, K.T. C. A., A.W. Janssen, D. Wall-Palmer, E. Goetze, A. Maas, J. A. Todd & F. Marlétaz (2019, preprint!): The origin and diversification of pteropods predate past perturbations in the Earth's carbon cycle. - https://www.researchgate.net/publication/336724759

Pollehne, F. (1986): Benthic nutrient regeneration processes in different sediment types of Kiel Bight. – Ophelia, 26, 359 – 368.

Purcell J. E., V. Fuentes, D. Atienza, U. Tilves, D. Astorga, M. Kawahara, & G. C. Hays (2010): Use of respiration rates of Scyphozoan jellyfish to estimate their effects on the food web. – Hydrobiologica. 645, 135 – 152.

Riisgård, H. U., P. Bondo Christensen, N. J. Olesen, J. K. Petersen, M. M. Møller & P. Andersen (1995): Biological structure in a shallow cove (Kertinge Nor, Denmark) – Control by benthic nutrient fluxes and suspension - feeding ascidians and jellyfish. – Ophelia 41. 329 – 344.

Russel, F. S. (1970): The medusae of the British Isles. II. Pelagic Scyphozoa with a supplement to the first volume on hydromedusae. Cambridge At the University Press, 281 pp.

Sappenfield, A. D., Tarhan, L. G & M. L. Droser (2017): Earth's oldest jellyfish strandings: a unique taphonomic window or just another day at the beach? -Geological Magazine, 154 – 874.

Schnack, S. B. (1982): The structure of the mouth parts of copepods in Kiel Bay. – Meeresforschung 29, 89 – 101.

Schneider, G. (1985): Zur ökologischen Rolle der Ohrenqualle (Aurelia aurita Lam.) im Pelagial der Kieler Bucht. – Doktorarbeit, Kiel Univ., 110 pp.

Schneider, G. (1987): Role of advection in the distribution and abundance of Pleurobrachia pileus in Kiel Bight. – Mar. Ecol. Prog. Ser. 41, 99 – 102.

Schneider, G. (1988 a): Chemische Zusammensetzung und Biomasseparameter der Ohrenqualle Aurelia aurita. – Helgoländer Meeresunters. 42, 319 – 327.

Schneider, G. (1988 b): Larvae production of the common jellyfish Aurelia aurita in the western Baltic 1982 – 1984. – Kieler Meeresforsch. Sonderh. 6, 295 – 300.

Schneider, G. (1989 a): The common jell-fish Aurelia aurita: Standing stock, excretion and nutrient regeneration in the Kiel Bight, western Baltic. – Mar. Biol. 100, 507 – 514.

Schneider, G. (1989 b): Estimation of food demands of Aurelia aurita populations in the Kiel Bight / western Baltic. – Ophelia 31, 17 – 27.

Schneider, G. (1989 c): Zur chemischen Zusammensetzung der Ctenophore Pleurobrachia pileus in der Kieler Bucht. – Helgoländer Meeresunters. 43, 67 – 76.

Schneider, G. (1989 d): Carbon and nitrogen content in marine zooplankton dry material; A short review. – Plankton Newsletter 11, 4 – 7.

Schneider, G. (1990 a): Metabolism and standing stock of the winter mesozooplankton community in the Kiel Bight / western Baltic. – Ophelia 31, 17 – 27.

Schneider, G. (1990 b): A comparison of carbon based ammonia excretion rates between gelatinous and non-gelatinous zooplankton: Implications and consequences. – Mar. Biol. 106, 219 – 225.

Schneider, G. (1992): A comparison of carbon-specific respiration rates in gelatinous and non-gelatinous zooplankton: A search for general rules in zooplankton metabolism. – Helgoländer Meeresunters. 46, 377 – 388.

Schneider, G. (1993): Does Aurelia aurita really decimate zooplankton in Kiel Bight? – ICES Statutory Meeting, Dublin, 1993, Sess. S. L:20, 23 pp.

Schneider, G. & G. Behrends (1994): Population dynamics and the trophic role of Aurelia aurita medusae in the Kiel Bight / western Baltic. – ICES J. mar. Sci. 51, 359 – 367.

Schneider, G. & G. Behrends (1998): Top - down control in a neritic planktonsystem by Aurelia aurita medusae – a summary. – Ophelia 48, 71 – 82.

Schneider, G. (1999): Gelatinöses Zooplankton – Materialsparende Leichtbauweise im Ozean. – Biologie in unserer Zeit 29, 90 – 97.

Schneider, G. (2001): Gelatinöse Krebse – Ausreißer der Evolution? – Natur und Museum 131, 244 – 249.

Schneider, G. (2003): Strategien gegen die Schwerkraft. – Biologie in unserer Zeit, 33, 294 – 301.

Schneider, T & T. Weisse (1985): Metabolism measurements of Aurelia aurita planulae larvae, and calculation of maximal survival period of the free swimming stage.- Helgoländer Meeresunters. 39, 43 – 47.

Smetacek, V., von Bodungen, B., Knoppers, B., Peinert, R., Pollehne, F., Stegmann, P. and Zeitzschel, B. (1984): Seasonal stages characterizing the annual cycle of an inshore pelagic system. Rapports et Proces-Verbaux des Reunions Conseil International pour l'Exploration de la Mer, 183, 126-135.

Smetacek, V. (1985): The Annual Cycle of Kiel Bight Plankton: A Long-Term Analysis. Estuaries, 8 (2A), 145-157.

Thiel, H. (1962): Untersuchungen über die Strobilisation von Aurelia aurita Lam. An einer Population der Kieler Förde. – Kieler Meeresforsch. 13, 198 – 230.

Thill, H. (1937): Beiträge zur Kenntnis der Aurelia aurita (L.). – Zeitschr. Wiss. Zool. 150, 51 – 97.

Titelman, J. & L. J. Hansson (2006): Feeding rates of the jellyfish Aurelia aurita on fish larvae. – Mar. Biol. 149, 297 – 306.

Titelman, J., L. Gandon, A. Goarant & T. Nilsen (2007): Intraguild predatory interactions between the jellyfish Cyanea capillata and Aurelia aurita. – Mar. Biol. 152, 745 – 756.

Weiße, T. (1985): Die Biomasse und Stoffwechselaktivität des Mikro- und Mesozooplanktons in der Ostsee. – Ber. Inst. F. Meeresk. 144, 127 pp.

Zahn, M. (1981): Wie alt können Scyphomedusen werden? – Zool. Beitr. 27, 491 – 495.